司母戊工作室
诚挚出品

是我

BOLD AS ALWAYS

赵大晴 著

你当人生不设限

人民东方出版传媒
People's Oriental Publishing & Media
东方出版社
The Oriental Press

图书在版编目（CIP）数据

是我：你当人生不设限 / 赵大晴著 . -- 北京：东方出版社，2023.1

ISBN 978-7-5207-3030-3

Ⅰ . ①是… Ⅱ . ①赵… Ⅲ . ①成功心理－青年读物 Ⅳ . ① B848.4-49

中国版本图书馆 CIP 数据核字 (2022) 第 198333 号

是我：你当人生不设限

SHI WO：NI DANG RENSHENG BU SHEXIAN

作　　者：赵大晴
责任编辑：王赫男
出　　版：东方出版社
发　　行：人民东方出版传媒有限公司
地　　址：北京市东城区朝阳门内大街 166 号
邮　　编：100010
印　　刷：天津图文方嘉印刷有限公司
版　　次：2023 年 1 月第 1 版
印　　次：2023 年 1 月第 1 次印刷
开　　本：640 毫米 × 950 毫米　1/16
印　　张：20.75
字　　数：240 千字
书　　号：ISBN 978-7-5207-3030-3
定　　价：72.80 元
发行电话：(010) 85924663　85924644　85924641

CONTENTS

目 录

CONTENTS

目 录

序言：

人间是个游乐场

我这个人挺奇怪的。

很久以前，我就知道自己的人生理想不是什么幸福快乐，更不是什么温暖安稳。活了二十几年，每年许下一个生日愿望，相似的词语从未出现过。而要说每年的愿望都会出现的那个，则是带着一点点虚荣、一点点炫耀的"特别"二字。

18 岁以前，我的人生乏善可陈。一个普通人家的孩子，没什么傲人的资本，也没什么独特的人生经历，只是怀抱着对"特别"的浓厚期待。我绞尽脑汁，为自己想了一串数字介绍：

94 年，175 厘米，36E。

年轻，高，胸大。

肤浅得显而易见，但那么想被别人记住的我，也真没有什么其他能为人称道或铭记的特点。虽然在我看来，三个值同等重要，可说完之后，别人记住的总是最后的那个"36E"，我也就顺势接话：

"对，'大晴'的大，是'大胸'的大。"

我太想被人记住了。

当然，在内心深处我也知道，这"肤浅"还远远不够。

我开始去旅游，去恋爱，去做生活体验，去迎接生活中任何一丝不一样的可能性，带着我对世界最原始的好奇心，

序言：人间是个游乐场

也带着我并未公开说过的"虚荣理由"——我想变得特别。

朋友叫我"永不停息的小马达"，我也确实如同小马达一般，快马加鞭地冲向一个又一个目的地，生怕自己慢一点就再也来不及、再也没办法成为一个足够特别的人。

而随着时间的流逝，我所做的和我所意外经历的事越来越多，我开始因为人生中那由一个个奇怪选择所组成的特别故事而被别人记住、被大众讨论。

我也终于，不用再一遍遍地重复那串数字来被人记得。我想，好像，我开始变得特别了。

"特别"也似乎开始显示出它的有用之处。我上了《奇葩说》这个传说中为"特别人类"准备的舞台，和一群我曾经认为最特别的人成了朋友，"赵大晴"三个字也开始被赋予意义，我变得越来越不需要费力介绍自己了。

舞台变大，关注度增加，喜爱夸奖谩骂吐槽都随之而来，特别人生所带来的天堂云端和地狱深渊交替出现。勇敢是我，鲁莽也是我；真诚是我，矫情也是我；青年先锋是我，社会败笔也是我。

我也终于看到了"特别人类"的日常生活，这个前所未知的新鲜世界，居然也充满了"普通人"每天所经历的喜怒哀乐。我有点惊讶，也有点失落。

然后，《奇葩说》播完了，我回归了再普通不过的上班族的日常生活。

因为房顶漏水而苦恼，因为房租飞涨而心痛，因为工作琐碎而烦忧。走出聚光灯下，真实生活好像并没有因为我成为一个"特别人类"而给我任何优待，倒是灯光背后的喜怒哀乐变得越来越难以被人了解、被人关心。

手机屏幕的背景长期保留了白底黑字的一串数字，太多人猜测它代表着一段秘密情史，可只有我自己知道，这是我初到北京时，为了维持表面光鲜而产生的债款。直到债款还清，我还是没有换掉背景。

我也开始认识新的人，谈新的恋爱。有人因为"特别"这个标签选择对我敬而远之。不靠谱、不认真、不接地气都是他们提出的冠冕理由，可能事实上，大抵也只是把我放在一个"普通择偶对象"的标准上细细考量时不达标罢了。也有人冲着这光环靠近我，如同打卡一个旅游地坐标。我则又开始像一个再普通不过、缺乏经验的少女一样，面对恋爱手足无措、不懂辨别、无法应付。

面对真实的琐碎生活，"特别"，好像又变得毫无用处了。

在 24 岁的开头，我和全世界最狂野热情的巴西人民厮混了一整月，灵魂家园的归属终于得到确认，回过头来，却陷入宿醉过后的平静空虚。我开始渴望一杯最简单的蜂蜜水，期待起一种洗衣做饭式的平淡生活。

序言：人间是个游乐场

也不知道是不是因为太受上天眷顾，我的许愿过于"灵验"。我在号称"北京最灵许愿地"八大处留下愿望——拥有一个永恒且真实属于我的东西。一个月后，肚子里"莫名"出现一娃，曾经最排斥的奉子成婚俗气套路出现。

在人人努力上进的时候，我追求反叛；在时代高歌追求自我的时候，我又踏上了结婚生子的不归路。

我问朋友："我当初到底为什么选择生下孩子来着？"

朋友说："因为你没生过，想试试。"

从这个角度来说，倒算三观始终一致、逻辑自洽了。

怀孕六个月时，我在微博喊话："为什么生孩子不能顺利愉快甚至很酷？"说小一点，我至少希望怀孕生子别耽误自己的酷。

到今天，孩子快三岁了，我和她玩耍打闹，也因她崩溃大哭。我以不用母亲的身份改变彼此生活来要求自己，顺带地，好像也实现了曾经喊话的愿望。但我依旧不确认生活是在变好。

母亲的身份挂在头顶，生活一边拓宽一边变窄，我只能望向飞速长大的小孩安慰自己说，生活大约是在大步前进，没错。

人们常说"要成为你自己"，可是，怎样的你才是真实的自己？这样的你，又是否足够特别、足够被他人喜爱，是否

是我：你当人生不设限

能够帮助你实现你想过的生活？

前几天和朋友吃饭，刚刚失恋又喝到半醉的他诚恳地拉着我的手念叨："你别做人类样本了，就做个女人享受平凡幸福好不好？"

没错，更早之前，我在微博宣称，自己要成为一个人类样本。

我压根没觉得自己正确，也不奢求、不希望大家模仿追逐，只是总想让自己提供，或者说验证一种不一样的生活可能性。说白了，就是讨厌"真理"、讨厌一边倒，总想反叛点什么、挑战些什么，哪怕付出些代价也无妨。

改不了了。还是曾经追求"特别"的那一套。

《狮子王》里，辛巴跟着彭彭、丁满来到了世外桃源，每天唱歌、跳舞、吃虫子，看起来是开心的吧。无忧无虑怎么能不开心？可望着满天繁星，彭彭说那是萤火虫；辛巴则想起爸爸木法沙所说，天上的星星都是正在看着我们的祖先。于是，只需要一个动力、一个由头，辛巴就转身抛弃了快乐，回去承担自己的责任。回头看，那段无忧无虑的日子就算快乐，也只能算被阉割版本的快乐吧。

辛巴逃不开自己的使命，我大概也逃不开自己的。

写这本书之前，我犹豫了很久。

关于是否要敞开自己的全部生活，也关于这生活是否真

序言：人间是个游乐场

的值得记录。毕竟我从未了解世界的全貌，甚至未曾了解完全的自己。

但仔细想想，也许在世界的某个角落，也有一个想变得特别的你，等着看这一段或鲁莽或热血的生活，是不是能带给你一些力量；让你相信，就算你和其他人不一样，你的生活也能过得挺好；让你看到这追逐特别背后的我，和你一样，也有那些开心难过，更有迷人冒险。

我总觉得，当故事的主人不再讲述，故事也就失去了它所有的意义。

何况，编辑都觉得值得，我还害怕啥？哈哈哈哈哈哈哈。

那么，我打算从现在开始，怀着一种与自己素未谋面的心情和你一起重读这段故事。你准备好了吗？

×

成为：

来处是何，归处

08

是哪

本书的第一遍稿，是以我的成长时间线来叙述的，但最终我还是把所有描写家庭、婚姻、爱情的这些琐碎又矫情的故事放在了开头。"书，就应该把最吸引人的部分放在前面"，编辑这样说。

不知道该开心还是难过。

每当和朋友提起，我会拥有一本自己的书时，总会带上几句调侃，28岁的"前半生"居然也可以被记录。

虽然我总渴望拥有人生的英雄故事，却不得不承认：情爱躲不过，英雄不好当。可谁又能说这情情爱爱不是英雄人生的关键剧本呢？

成为：来处是何，归处是哪

家，是必需品吗？

我对家的大多数了解，来自母亲年复一年地对"家"的吐槽与抱怨。

我出生在广东惠州，一个普普通通的南方三线城市。

听说，我是母亲的第三个孩子，而我的前两个"姐姐"，都因为在一个重男轻女的地方生错了性别，并未来得及看到这个世界。而我，因为预产期和外公外婆的结婚纪念日重合，阴差阳错地被留了下来，成为这个"奇妙"家庭唯一的孩子。可你应该知道，人最怕的，不过就是背负一些自己从未选择过的"唯一"使命。

母亲出身于"书香门第"的中医世家，从小受到良好的教育，琴棋书画样样精通，六点回家，十点睡觉，每天演绎现代版的"大门不出二门不迈"。

父亲则是一个放荡不羁的街头小子，每日里夜不归宿，打球赛车，抽

是我：你当人生不设限

烟喝酒，样样是一等一的高手，唯独学习和工作，都不擅长。

或许听来可笑，可他们感情故事的开始，却只是因为母亲对"一个人可以半夜十二点不回家"的痴迷与好奇。十二点可以不睡觉，成为父亲为母亲打开的第一扇精彩世界的大门。

18 岁的母亲也从那天开始，跟着父亲上山下河，开启了一段全新的人生。

布满划痕与褪色光斑的照片上，野外草地是常见布景，西瓜啤酒则是道具。母亲乌黑的齐耳短发服帖地顺在耳后，没有任何打理加工的痕迹，婴儿肥，圆脸圆眼，笑得顺从乖巧，动作端正拘谨，双腿并拢、双手自然下垂的样子是常见的站姿，没有哪怕一瞬露齿大笑的模样被保留下来。父亲呢，打扮随意且浮夸，牛仔裤是必备，衬衫当然是要解开几粒扣子才算舒适，头发的长度早超过了"利索"的标准，身体也总是懒散地斜倚在什么地方，在大多数的照片里，这个"倚靠点"是站得笔直的母亲。

大概从这时起，母亲就深深地爱上了这个拥有和自己完全不同的生活的男人，坚定地想和他共度一生。毫无疑问，这段生活背景相差巨大的感情，遭到了外公外婆的强烈反对。

大约对于任何一对感情正浓的情侣来说，一切反对都是彼此要更坚定地在一起的理由，我的父母也不例外。面对外公外婆的质疑，父亲像偶像剧中的男主角一样坚定地牵着母亲，像一个战士在对世界宣战："问你们自己的女儿，如果她现在要跟你们走，我绝对不会再联系她，不再纠缠；但如果她现在选择和我在一起，她，谁也带不走。"

我听父亲母亲分别讲过这段故事，细节有细微差异，情节并无出入。

成为：来处是何，归处是哪

事情发生时，母亲已经跟着父亲在地下室住了几个星期，外公外婆到来的消息，还是听匆匆跑来传信的邻居说的。据说，那时在公交公司就职的外公外婆开着一辆巨大的公交汽车直接停在了小区门口，他们大概没想过这惊天动地的宣战会以失败告终。

母亲义无反顾地选择了父亲，跟着他从新疆乌鲁木齐来到了广东惠州。

到了这时，与生俱来的差异，还被解读成爱与期待。

而当母亲真正来到这座人生地不熟的城市，面对父亲的一大家人，矛盾不可避免地出现了。父母间原本就存在的性格冲突伴随着柴米油盐不断激化，而我这个不合时宜的孩子，更是冲突的催化剂。

公主和骑士的爱情，并没有伴随着婚姻的到来而幸福快乐地继续下去，就像童话故事，总是把婚姻的开头讲成结尾。

父亲家有三兄弟，他是小儿子。

大伯憨厚，在家的大多数时间总是赤裸着

1997/5

乌鲁木齐市红山公园　3 岁的夏天

是我：你当人生不设限

上半身，微笑。哪怕是我高考前，如履薄冰的日子，他也依旧能开心地说些"丧气话"："考不好就和大伯一起去送货。"我只记得这一句。但这绝不是对亲戚家孩子的敷衍。大伯的妻子——大阿娘，是个好面子的广东女人。无论是因为女儿的学习成绩和恋爱问题，还是家庭的经济状况变化，哪怕是有我这个外人在场，只要触及"面子底线"，她总是能冷嘲热讽地说上几句。大伯则会笑着打岔，同样安慰女儿："考不好就和爸爸一起去送货。"

二伯大概是三兄弟中最成功的一个。夏天最热的时候，只有他家能承担得起屋内空调全开的"昂贵"费用，也只有二伯才需要穿着衬衫西裤出门上班。印象中，他家的冰箱总是塞满各种食物，从不缺货。我记得最清晰的，是他家的桌上无限量供应的"卡士"酸奶和"得宝"纸巾，而我家买的，则好像总是说不出牌子的"能用就行"。在他家，我能轻易地用"我可以拥有或者使用的数量"来判断物品的价格——太贵的东西是只属于二伯家小孩的，但哪怕如此，能用几句唠叨换得新鲜玩意对当时的我来说也是好的。

听母亲说，这个大家庭带来的种种问题令人生地不熟的她苦不堪言，而照片里我总是"直不起"脖子的虚弱样子，则是父亲一家人对我同样忽视的证据。

我当然什么都不记得。这也许是记忆对我的保护，但也是母亲眼里的背叛。我只知道，自我有记忆以来，我的童年确实充斥着一个又一个的家庭争端。

父亲总是懒散，懒散地在沙发上窝着，懒散走在路上，我无法回忆起他哪怕一瞬的斗志昂扬。母亲总是暴怒, 因为我、因为父亲、因为一切的不如意。

母亲买了新手机, 我拿在手上玩, 一个没拿稳就"嘭"地摔在了地上, 我还没抬头, 便迎来母亲气急败坏的一巴掌, 我还没来得及哭出声, 一旁的父亲便给了母亲同样的一下子。

母亲是心疼新手机, 父亲的抬手反击是因为心疼我——当时的我自信得理所当然。直到很多年以后我才明白, 这只是千万次他和她之间的"爱情角力"中的一次而已, 与我无关。

就像多年后和父亲一起喝酒时, 他特别无奈地提起:"那时你妈真的好, 愿意和我住在地下室, 愿意反抗整个家嫁给我, 真的好啊……一直觉得我们是真爱, 现在也觉得……可是这就是生活呀! 生活改变了我们哪!"

就像电影里, 旁人问之后发生了什么, 主角只能无奈地回答:"Things happened, life happened. (事情发生了, 这就是生活。)"

明明深深相爱的两个人, 带着与生俱来的巨大的家庭背景差异, 伴随着生活发展带来的矛盾与冲突, 感情渐行渐远, 却因为曾经付出的深情, 越发地想证明自己在婚姻中的权重, 证明对方对自己的爱, 证明自己。

爱意被冲散, 矛盾与恨意随之而来。

而我, 是这场比赛中一个紧密相连又旁观脱离的第三人。证明自己在我心中的地位, 变成了他俩比赛的重要一环。

记忆最深的那次争吵, 是因为一碗牛奶。

母亲希望我在半夜十一点喝掉一大碗牛奶, 长身体。

我呢, 想都没想就摇了头, 带着对一切"必须完成"命令的抗拒, 父

016

是我：你当人生不设限

亲也帮我拒绝，语气中带着一种无所谓的不友善。这种明显的"站队"显然激怒了母亲，她挥手用力一甩，牛奶碗摔成了碎片，牛奶四溅。父亲也被激怒了，明明是再日常不过的一件小事，争吵瞬间上升到了关乎人格、三观、教育方法的级别，带着对各自人生的遗憾与不满，他们越吵越生气，开始大打出手。

争吵的最高潮，父亲掐着母亲的脖子径直甩了出去，母亲重重地砸在了墙上，因为用力过猛，父亲自己也没能站稳，顺势倒在墙角。

母亲那么泼辣的一个人，呆呆地看着前方，父亲一个一米八五的汉子，有些虚弱地蜷缩在角落。

我抱头蹲在他俩中间，看着两边瘫软在地还不忘冲着对方骂骂咧咧的父母，无所适从，只知道哭，捂着嘴，咬自己，我不敢发出太大的声音，只怕因为一点儿举动，引发他们下一段的争吵。

父亲缓慢地向我爬来，让我和他走，更强势的母亲则二话不说抱起我就冲出门去，我只好低下头，不去看他们任何一个人的脸。

那时的我，只知道哭。

可当我逐渐长大，争吵也并没有因此而逐渐减少。

又是一次原因莫名的大吵，因为开着大门，甚至引来了住在同小区的父亲的朋友的围观。

卧室的床上是打作一团的父母，门口站着的是父亲的朋友和我。不记得看了多久，父亲的朋友只能一脸尴尬，拍拍我的肩膀安慰打趣道："没事的，他们只是做一种成年男女都会做的床上运动。"

我抬头看了看他，一脸冷漠，转身走向了小区花园。我很清楚，当一切结束，我就会被想起，作为裁判或者被强制消除记忆。

不记得那时我具体多大，只是在独自走出家门的瞬间，我知道我再也不会惶恐无措地蹲在他们中间哭了。

小学三年级的某天，放学回家的我意外地在母亲抽屉里发现了早就被藏起来的离婚协议。我平静地拿起，平静地放回，毫无悲伤，心想，真好，他们终于离婚了。

我好像也是在那天懂得：分开有时也意味着幸福，如同一种人类共有的成长规律。

依附在母亲身体内的弱小细胞脱离母体，切断母乳，一步步长大，一点点地扩张自己的世界。慢慢地，我们不再需要双亲的庇护就能躲开世界的危险；也开始建立自己独特的品味和思考，以区分他人；父母在生活中的比重也变得越来越少。然后有一天，我们与他人相爱，渴望重新建立起一种如血缘连接般永不分离的爱的关系，再继续成长、改变、分开，再次相爱，直到找到对方，或者找到自己。

我常常希望从回忆里翻到一些只言片语，来证实到底是从哪一刻开始，我和父母之间的连接彻底失效。要说我们从没拥有过快乐时光肯定是假话，而这快乐多半是母亲称其为"不负责""不管教"的父亲带来的。虽然，这份快乐在母亲口中，也不过是缺位的证据。

我记得父亲有一辆巨大的自行车，虽然我不常见到它，甚至不确定父亲是不是这辆车的主人，但在我睡过头赶着上学时，这辆车总是我的救星。电视剧里说，侧坐叫公主坐，我也坚持在自行车的后座上并拢双腿坐向一边，虽然这种坐法并不安全，我也根本不穿裙子。

2000/7

乌鲁木齐　6 岁的我

2001/5

乌鲁木齐动物园　长颈鹿让 7 岁的我紧张

上学的那条路修了很多年也没修好，而这正合我意。自行车在小土路上颠簸，我也能抬起双脚跟着自行车的起伏晃荡。然后是一个下坡拐弯，父亲像之前无数次一样让我抓紧他，好进行一场加速表演，但不知是哪个环节出了错，我的脚后跟被绞进自行车的轮毂，父亲大概还以为是碰到了什么地面

019

成为： 来处是何，归处是哪

障碍，猛踩一脚，连皮带肉，我的脚后跟就没了一块。

但这个故事在我的回忆里居然无法和怨恨或疼痛关联，只记得那天，父亲带着我在后轮里找自己的皮肉，然后继续加速冲向药店去买创可贴。我们就像两个表演杂耍失败的小丑，彼此嘲笑技术，互相鼓励精进。

哦，我还记得父亲有一辆摩托车，准确来说，应该是很多辆摩托车。父亲在摩托车这事上可能确实没什么运气。从马虎得忘记锁车，到明明锁车却被人整台搬走，具体在摩托车上花费过多少时间和金钱，我想父亲自己也计算不清。

父亲总念叨着，人生最大的指望就是让自己的女儿给自己买一辆小汽车，好让自己在字面意义上脱离风吹雨淋，却忍不住在交通拥堵时因为摩托车的快速与便捷发出笑声。

我和父亲很少吵架，大约是因为我们从不提未来。我说不清是他真的不在乎，还是因为太清楚自己的无力负担而干脆绝口不提。当我和他坐在摩托车上，风声就能盖过所有情绪，只留下快乐。唯一不同的大概是：当我还小时，他也还没发胖，无论多么小的摩托车，我都能窝在前座，假装自己才是那个掌控方向的人；等我长大了，可以窝在前座的日子彻底过去，风声不仅盖过了情绪，也吹走了我们的对话。

"吃花甲吗？"

他常问这句，也只问这句。

对比起来，我和母亲的关系显然要更复杂，或者说，我和同性长辈的关系好像总是更复杂些。相同的性别看似带来了更多成长经历上的共鸣，也同样带来了妒忌争夺、误解抗拒。

020

是我：你当人生不设限

我常说母亲就是个永远长不大的少女。广东的大蟑螂算得上特产，当蟑螂闯进微波炉，母亲一边尖叫崩溃，同时不忘打开微波炉的工作按键，希望能通过高温杀死蟑螂。我和她在公交车上吵架，公交车到站，我气不过就自己下车，明明不过只有几站地，再见到她时，她已经因为慌张急出了眼泪。

母亲一直号称她是爱我的，甚至用上了无人能敌的爱意这种明显违反广告法的宣传词语，只是，她也强迫我爱她。

就像，她强迫我在她给我梳马尾时，哪怕用力过猛到我感觉自己的眼睛都被拉扯到一边，也要乖巧听话。否则，她手里的梳子就会砸向我的脑门。

就像，她强迫我和她一样对父亲的全家人保持冷漠且抗拒的态度。阿婆（父亲的妈妈）有时会给我家送汤，毕竟对楼的距离实在没理由断绝来往，但要是我喝得津津有味再夸赞几句，母亲总会在阿婆离开后嘲讽我："剩饭剩汤的，你可真没见过世面！"

这让我困惑且厌恶。

不知道是不是人类社会并没能让母亲得到理想的亲子关系的范本，她最爱的，就是用动物世界里的亲昵和奉献来书写自我。但以她对自然界的认知水平，除了社交网络推送的随机信息，狗和狮子——我最爱的两种动物，就是她最爱举的例子。

"狗不嫌家穷，子不嫌母丑。"

她总这么说。

其实，她也是让我风光过的。小学时流行黑板报评比，美术学院毕业的母亲自然且自豪地承担了我所在班级几年的板报工作，同学们一顿饭的工夫，母亲就能连画带字在黑板上完成个大概。

等到她学医后，我也不在乎她是否能背出人体骨骼组成、通过考试。只要她能在我赖床后掏出创可贴贴在我的手背，帮我装出刚刚输液完成的样子，就算完成了医生母亲的全部职责。

而母亲做这一切，都是为了让我爱她。

我总爱走在父母中间，现在看来这似乎理所应当，可母亲总会因此生气，因为我变成了"爱情"的阻碍。

哦，她要的是全世界的爱。

和父亲离婚后，母亲时常恋爱，但从不对我提起，只是在每个周末，当作普通朋友带来家中，吃一顿好饭。殊不知深夜电话的轻声细语，我从没有一次错过，清晨醒来，也只当无事发生。

睡觉，是我的生存技能。

就像小时候，无论今天赶上的是父母的浓情时刻还是高声争吵，我只要闭眼睡熟，一切就可以忘记。要是他们还能为我的"熟睡"而压低音量，我甚至愿意将这种让步归为"父母之爱"。

那些周末，我倒也不在乎。毕竟无论张叔还是李叔，对童年的我而言也只不过是获取礼物的"工具"，饭桌上不经意地提起最近想要的新鲜玩意儿，叔叔总能在几周后将礼物送到。母亲显然看穿了我的把戏，但从不戳破，而那些没能按时送上礼物的叔叔，也再没出现在我们的生活里。

在更多没能看穿我的时间，母亲选择偷看我的日记。面对没能及时放回的尴尬时刻，她又总是毫无新意地理直气壮："我可是你妈。"

是我: 你当人生不设限

　　我也学会了一些和母亲沟通的奇怪方式。比如, 撕个纸条在上面写上"我爱你, ×××(暗恋男孩的名字)", 再故作神秘地拿着纸条让她猜上面的内容, 并不给她任何提示。她当然猜不出, 我就装作不经意地把纸条留在原地, 等她发现后大惊失色, 我再撒一个拙劣的慌, 坚决声称自己写下的是其他的内容, 诸如想去公园一类的无聊句子, 再看着她琢磨思考, 仿佛一种报复。

　　高中时, 母亲在最富裕的二伯家的对面买了自己的房子。两栋楼步行不过一分钟, 拉开窗帘, 就能看到对方完整的生活, 这可能是母亲对曾经过往的报复性胜利, 但也是促使我逃跑的最后一根稻草。新年团聚时刻, 也变成了我每年最大的亲情考题。

　　特别是大年三十, 一顿年夜饭是团圆, 两顿就变成了拉扯。无形的计时器打开了, 时间必须平均分配, 这是我的第一道关卡, 而从父亲家返回后, 红包计数, 就变成了第二道关卡。

　　钱, 从我长大离家住校, 便成了我和家里唯一的牵扯, 也成了一切矛盾的来源。

　　日常生活中的必要开销, 我向外公外婆开口。原因呢, 无非是父母之间关于爱的比赛延续到了金钱领域, 无论我向谁伸手索要的任何一分钱, 都会划入某方对家庭的贡献值银行, 加一减二, 无比计较, 因为不能输, 所以宁可不付出。哪怕成长中的情况变化多端, 记忆中的话语却大多类似。

　　和母亲吵架, 她说:"我可是你妈, 好歹我养你到现在。"

　　我说:"说出三项你为我花的巨额花费我就道歉。"

　　"你做手术、我给你两千买手机, 还有……"

023

成为： 来处是何，归处是哪

我常常因为家里无端消失的钱和物品而被挂上小偷的名目，毕竟有人怪罪总好过生活本身的无力，虽然存折中的钱款其实从未消失，丢失的物品也总会在几天后找回。

和父亲说，我要去美国结婚。

"随便你啦，反正不要问我要钱去美国。"

悬崖上等待学飞的小鹰终于被提前推了下去。

2016 年 2 月，即将大学毕业的我，22 岁，正式成为一名北漂。像所有初到北京的人一样，难找的房子和押一付三的房租压力成了生活的噩梦。

当交下一季度房租的时间与发工资的时间错开，我在办公室接到了房东语气粗鲁的来电。就像身处电视剧中一般："怎么还不交房租？不交搬走！"我一边执拗地质疑房东的语气，一边感受着一种即将无家可归的惶恐。挂掉电话，我像扑向救命稻草一般拉着同事求救，无惊无险成功获救，却又忍不住地胆战心惊。

碰巧那晚家里打来电话，我说到房租的事，对方冷漠地没有回应，我也习以为常，可到了第二天，家里再次打来电话，指责我因为要出去就玩欺骗家人要钱。半个小时的电话，对我来说仿佛背景杂音，我只是僵直着身体，冒着冷汗，语气平静地反问："我到底问你们要过多少钱？"

对方沉默不语，我挂断电话。从那之后，再无联系。

我慢慢成为一个能够彻底靠自己养活自己的人。钱，这一条最后牵连彼此的线，也就此断开。

在这场关于爱的战争中，我终究，率先变成了逃兵。

大学上课时，听老师讲过一个故事。

有对父母按照自己的所有未完成的期待，打造了一个"理想"的孩子，成长过程早已被规划好，孩子只需按时按质完成，便可抵达传说中的完美人生。父母设计的如同是一台没有感情的学习机器，精密、稳定，不能有任何越轨的事情发生，不能因为任何意外打破多年的心血。

孩子呢，也不是没有反抗过，但面对着那永远比上次更严格的管教和惩罚，他就像一个害怕再次受到电击伤害的实验鼠，终究妥协。

多年后，孩子终于长大成人，终于成为父母按照完美规划所培养出的少年。按照早就定好的日程，完美孩子的下一步是出国，前往一所世界闻名的顶尖大学的医学院，待学成归来，光耀门楣。

可这对父母怎么也没想到的是，一直听话的孩子终于做出了自己人生中第一次，也是最后一次巨大的叛逃。自坐上飞机离开的那天起，孩子就与父母断了联系，没有前往学校报到，从此不知所终。

我猜，虽情况不同，或许那个孩子和我一样，觉得有父母在的地方，并不是家，而能说出来的故事，也永远是冰山一角。

我们没有强大到可以改变，甚至没有成熟到可以原谅，只能选择叛逃来拯救自己的人生。

2022 年，我来北京六年，也是我不再和父母联系的六年。

025

成为： 来处是何，归处是哪

你问我想家吗？

当然。

在每一个悲伤难过、迷茫无措的时候，我冒出的第一句话都是："我想回家。"可每当这句话从我嘴里说出，反而内心更加空荡。回哪里呢？回去又要面对些什么呢？家是那栋房子还是什么呢？

也有心情特别不好的一天，鬼使神差地第一次主动给母亲拨去了电话，在断绝联系两年后。

不知道要说些什么，就像其实我根本不知道为什么要拨出这个电话。电话接通的瞬间，我听出了她语气里的疑惑，只能迅速换上一副更加冷漠的语气，说自己只是打错，迅速地挂断了电话。

可以说是死要面子活受罪，也可以说只是害怕，害怕原谅和回归所带来的重蹈覆辙。

只是那时我还不懂，所谓父母子女之爱，大概和人与人之间复杂的"相爱系统"一般，也需要日积月累的点滴相处，需要共同经历，需要细节填充。它不会随着我钻出母亲身体的那一刻自然产生，当然也不会在某一瞬就彻底消失。

所谓无条件的爱，大约更像是孩子无能为力时对父母的无条件依赖。

我其实没办法以一个独立个体对另一个独立个体的角度，来评判我的父母，这不公平，也不客观，但作为父母子女关系的局中人，我总觉得他们不够称职，或者说不够爱。可见面之前都是陌生人，谁说两个陌生人一定会产生爱呢？父母对你的养育是义务、是责任，是法律可以明文规定的范畴，可对你的爱，装不出，法律也管不来。

是我：你当人生不设限

他们或许很好，只是不够爱我，又或者在我们有限的相处时间里，大家尽力了，用心了，却始终没能找到相爱的方法，也不愿意多拿出一点时间抱抱彼此。

生完孩子的那天，我也成为一名母亲。久违但毫不意外地，我收到了母亲的消息："你怎么可以把孩子的照片发到网上？这是对孩子的不负责任，这不是一个母亲对孩子应有的保护。"

我关上手机庆幸，还好，我已经学会自己长大。

成为：来处是何，归处是哪

各自长大〇

三岁那年，伴随着父母之间无法解决的争吵，我跟着母亲从广东惠州来到了新疆乌鲁木齐，投靠从陕西支援边疆的外公外婆。说投靠，大概是因为我成年前的大多数日子都因为外公外婆的帮助才得以顺利过活。而这次远行对于我和父母的关系来说，则更像是一次丢弃。

从那之后的成长过程，我用断断续续、相加不过几个月的时间，完成了整个童年和青春期与父母双方的接触戏份。而与争吵相随的陪伴岁月，也真的不是什么值得珍藏的美好记忆。冷漠与疏远的结局，恐怕在那时就已成必然。

母亲从小教育我，要将外公外婆称作爷爷奶奶，因为爷爷奶奶更亲近。她认为当职责"顶替"了，在称谓上也应该获得奖赏。

是我：你当人生不设限

外公外婆是老大夫了，几十年积攒的病例好像能涵盖每个人的一生。记得我总趴在药房的玻璃桌上写作业，刚好守着钱柜，算是药铺的混乱场面中的最后一道防线。听外婆回忆说，中药柜上下几十格，我看得久了，居然也能在她忙碌时帮着拿几味药。无人的时候偷吃一颗大山楂丸，有人看着的话，即使只含着片清甜的甘草，也能让我觉得开心。

外公外婆的人生理念，就像每一次我和同学起冲突时，他们告诉我的那样，"吃亏是福"。所以无论是深夜还是暴雪天，只要有病人打来电话，他们就会冲出家门。家中也被改成诊室，大大小小的药瓶药罐，占满了家中边角。在医疗资源并不丰富的当地，找他们看病买药，病人能赊账、能讲价，甚至能"偷"走最值钱的中药配方。

外公常常描述年幼时我对父母的想念，希望能换回当下我对他们的依赖。常说的那段便是，我在每一个睡不着的夜晚拉着外公外婆的衣角念叨："小龙人都要去找妈妈，我也想去找妈妈，想妈妈。"

可我再也记不起小龙人的情节，也记不得这思念。

当然外公也并不怪我，就像当初他们面对这份"份外"的育儿责任一样，毫无怨言。只是在每一个我们聊天的空当，说一遍故事，再说一遍，有时还加上一句"不管怎样，她是你妈"。就像他们在自己女儿离婚后依旧坚持给爱吃羊肉的女婿寄去整条羊腿一样，不管怎样，还是一家人。

现在回想起来，和外公外婆住在一起的日子，准确来说，是当我走回那个明明有 80 平方米却被各种杂物塞得满满当当的"家"，就是我人生难得的平静时光。

他们总做重复的食物，羊肉汤或臊子面。总在同一时间点走出家门，

成为：来处是何，归处是哪

1996/8

乌鲁木齐　2岁生日照

然后根据"病号"的多少，决定当天我放学后在校门口有家长接，还是需要自己走到药店找他们再闻着中药味等到睡着。

　　他们坚信，只要将水龙头关小到只有一滴滴的水流出，就能接到水同时暂停水表计数。为了省钱，他们甚至将家里的水闸总阀门关小到哪怕洗澡都只有手指粗细的水柱流出，直到水闸永久生锈，再也无法将水调大了。

　　新疆的购买计数单位是"公斤"，因为我喜欢吃橘子，他们会一次购买两公斤橘子。他们既然买了，我就当一天的分量吃完，直到我高中去了广东，在论"斤"购买水果的城市，我才知道自己的进食水平是多么可怕。

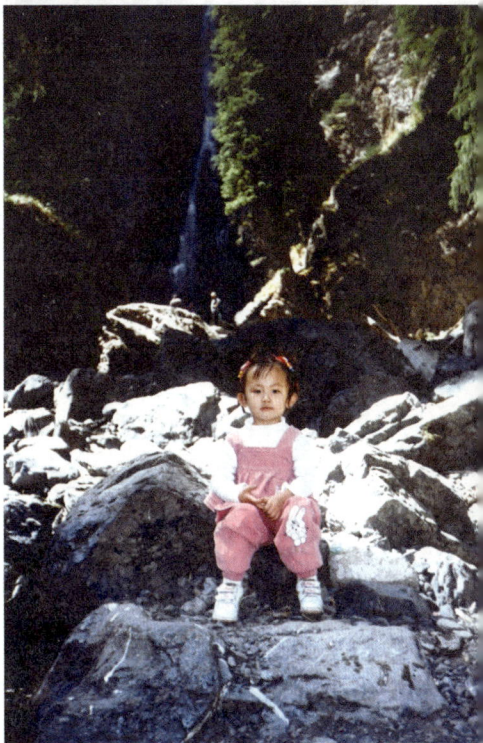

1997/8

天山　3岁生日照

是我：你当人生不设限

1997/4
乌鲁木齐
去得最多的红山公园

2004/4
乌鲁木齐第十四小学
国旗台上的我

　　他们对我的管理也极其松散——不知道是不是因为对母亲强硬的管理反而带来错误婚姻的反省。他们不在乎我的学习成绩，考得好固然很好，但能每天按时大便，才是一个孩子最应该拥有的成就。至于校外的生活，我也只需要做个好人。

　　对了，那时我还是一个极怕黑的小女孩，这缘于我的同学在 QQ 上发来的恐怖图片。看到恐怖图片之后的五六年，我都无法面对一个空无一人的楼梯，甚至因为害怕而脚步过快，从楼梯上滚落过几回。所以，在一个还不流行小夜灯的年代，如何在夜间醒来后独自去厕所，成了我最大的挑战。

　　跑，动静大还可能摔倒。

成为：来处是何，归处是哪

乌鲁木齐　家中的我　**2004/4**

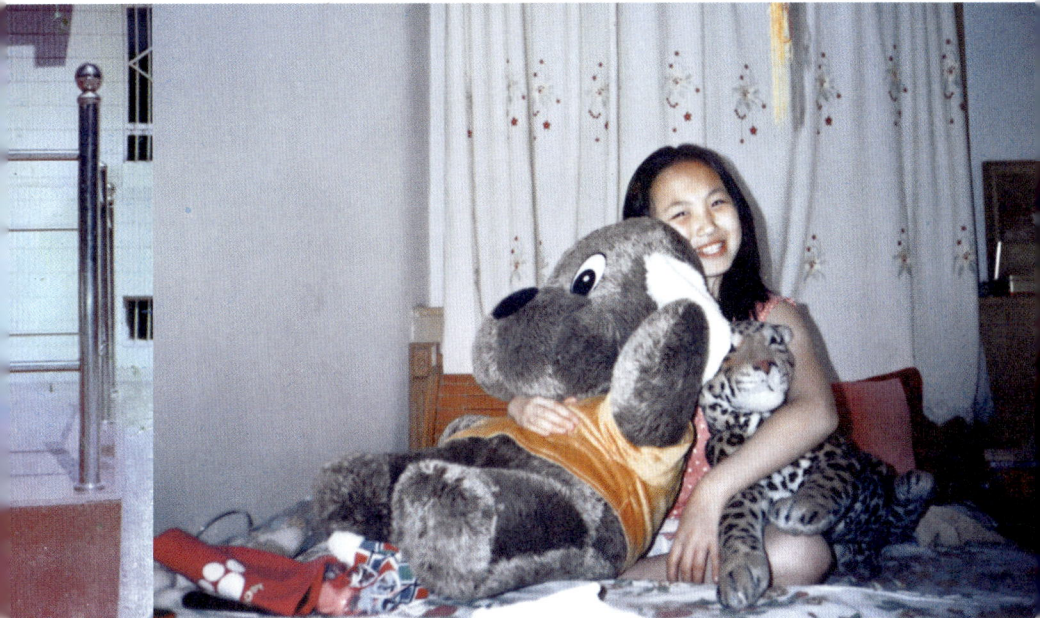

假装尿床，变成了我的绝妙点子。

我家的床垫不够厚，外公外婆习惯在床上再铺五六床棉被。我掀开最上边的棉被，尿在中间，再盖回去。臭是臭，但至少不用面对漆黑的走廊。

直到被发现的那天，外婆没有生气，她坚信是我的身体出了问题，我也不解释，连喝一个月中药，搬着被子挤到外公外婆的中间睡觉，算是"痊愈"了。

他们唯一一次大发脾气，是我将家里的手风琴卖掉换成了古筝，在外公心中，手风琴才是世上最棒的乐器。

我时常觉得他们过于正常、过于普通，但在每一个外公外出回家时，

是我：你当人生不设限

顺手采回几朵野花，想别在正在厨房做饭的外婆头上，或者外公肚子疼，外婆坐在床边给他揉肚子的瞬间，我都无法定义，什么是正常，什么又是普通。

这个缺少"父母"存在的地方，是不是可以被称作家？

然后，我就在这里——乌鲁木齐，待了13年。

这的确是一个充满异域情调的地方。

对于旅游者而言，满街招牌上的维吾尔文总让人忍不住举起手机，了解到新疆少数民族的多样后，又会试图对每一个迎面走来的人进行分辨对比。我从来也分不清维吾尔族和哈萨克族的细微差距（尽管有人看来可能差别巨大），我也从未在乎过民族区别，我从小在民汉合校上学，少数民族对我而言，除了拥有更高的文艺和体育天分之外，无非就是帮老师点名时要念更长一些的名字而已。只是在我去了广东后，才知道有多少人对这片土地充满遐想：骑马、骑骆驼、家家都有的果园，还有人人会说的维吾尔族语言。我也无法否认，这座情绪外露的城市，伴随着我因为无知鲁莽而最胆大妄为的年纪，给了我最单纯快乐的一段时光。

我不是什么好学生。

二年级，我因为到下午五点还没写完作业，就在家里放声大哭，感觉自己背负了全世界所有的痛苦和重量，实在是太辛苦太委屈了。

三年级，我开始试图从不完成作业做起，突破"传统教育的枷锁"，当然，那时的我连枷锁俩字都写不对，结果也只能是被老师带到办公室补作业，午饭都没得吃。等到外婆隔着校门栅栏塞进一张热馕，我也就对留堂不再抱怨。如果你有机会去新疆，可一定不能错过那刚从馕坑里拿出来、金黄松软的"皮牙子"（洋葱）馕，绝佳的主食馕饼甚至不需要配菜就是一顿完美的午餐。

到了初中，刚刚在升旗台上对青年的美好未来做出畅想，对抓住青春时光提出呼吁的我，转头就因为化学考试不及格被老师叫进了办公室。学习课本知识对我来说意味着无聊，总是能逃则逃。

课外活动就不一样了。

大概是因为要弘扬传统文化，小学时，学校最用心发展的课外社团活动是一支腰鼓队。没错，就是那种红肚子、椭圆形，通过敲击两端发出声音的乐器——安塞的腰鼓。而我，也是其中的一员。

每到下午放学，当其他孩子都三三两两回家，享受动画片配零食的美好生活时，骄傲的腰鼓队队员们就会在操场上摆好方阵，开始敲击鼓点。

某次训练，同班的男生突然出现在对面教学楼上的主席台，就是每周升国旗时校长讲话的位置，大喊了一句："赵宇晴，我喜欢你！"

他喊完也不急着跑掉，反而晃着身子留在原地，看着起哄的大家和羞涩的我，嬉皮赖脸地笑。我知道我脸红了，却依旧摆出一副更加骄傲的神气，敲着腰鼓，没有停。

情窦初开，大概就是指的这种内心充满羞涩，却又在一瞬间有了冒险精神的心跳感觉。

然后，在某天中午吃"营养餐"的午餐时间，他还是带着那一脸嬉皮赖脸的笑，挑衅似的问我："敢不敢和我去一个地方？"

我也毫不示弱地马上接话："去啊，谁怕谁！"

其实心里大概是有些窃喜的。

他立刻大笑着牵起我的手一路飞奔，目的地是学校的教职工宿舍。我们迅速蹿进走廊，关好门后还不忘将木门中间的缝隙对齐，他单膝跪下，拉起他一直牵着的我的手，狠狠地冲手背亲了一口，然后毫不犹豫地转身离开，不知是从哪部偶像剧里学来的"潇洒"。等我出门，看不见他，倒是看见了一群早就赶来等着看热闹的同学，大家嬉闹着回到班级，度过了一段八卦充足的午休时间。

这可比学习有意思多了。

再想想，小学的我大概是蛮喜欢为了搭讪撒谎的。

会因为想要认识可爱的小男孩、小女孩，编造自己是学校广播站副站长的身份，美其名曰为广播站招纳新鲜血液，其实我连广播站的门都没进去过。大家玩得开心了，成了朋友，也就压根忘记了什么广播站的事，何况这世上被记住的永远只有"第一名"，多加个"副"也就多了无穷退路。直到小学毕业，我的谎言也从没被拆穿过。

等到了初中，这种打擦边球般的不守规矩，更是慢慢变成了我的"正常"生活形态。

13岁的我，身高已经长到175厘米，当然，这在人高马大的新疆人面前并不算太稀奇的事。

我和四个差不多同样身高的女生组成了一个"小团体"，每天凭借着身高优势在马路上"横行霸道"，无数次有人想加入我们，又在每一次围圈聊天后因为"身高压迫"而离开。

035

那时我最喜欢的事，是在每一个临近下课的时间摆好百米冲刺的姿势，下课铃一响，就以最快速度穿过一个篮球和足球同时在天上飞的篮球场，冲进学校对面的"老贵州米粉"店，占好座位，再求求老板能不能给我的鸡肉炒米粉里多加一点肉。米粉店里的鸡肉炒米粉从8块涨到了15块，我和"175厘米身高小组"在这家油腻的小店里见证了彼此的每一次恋爱和分手。

那时还在流行QQ聊天，流行网恋，还是彼此通过QQ空间的来访次数判断对方对自己的喜爱程度的时代。

也不知是从哪天开始，班上身高190厘米的男同学，会在几乎每一个课间走上讲台，拿着讲台上废弃的粉笔头，精准快速地砸向我。我疑惑又气愤，怎么生气反抗都没用，跟着他冲出教室想要讨个说法，只看见一群围观的男生大叫"嫂子"，总觉得自己被占了便宜，只能又害羞又气愤地回到座位。可就在差一点要去告老师的节骨眼儿，愚人节当天，我收到了他递给我的小纸条。

"我喜欢你，我们在一起吧。"

还来不及认真思考是否接受，他又冲过来补上一句："我是开玩笑的。"

我都不知道该不该生气。

直到第二天，他用双手捏着我的脸，用力到我的脸部变形，伴随着脸红心跳，我终于认定了这段恋爱关系。

"愚人节说开玩笑，就说明不是开玩笑的，傻呀你！"

他用一个月20块的零花钱给我买果粒橙，命令身边的所有朋友叫我"嫂子"，也在每一次我和别人发生冲突时利用身高优势挡在我的前面。我

是我：你当人生不设限

总是生气于他因为看到老师经过就松开我的手，生气于他怕爸妈发现于是从不在回家后和我联系，但也会因为每一次的对视微笑而心慌意乱。

没什么地方可去，我们就躲在医院的家属院里约会，拥抱时，他的下巴刚好顶着我的头顶，轻轻蹭头，摸摸发尾，加上一句"昨天很想你"，我就能断定这是世界上最让人着迷的情话。

小孩子都很单纯。

喜欢语文老师和历史老师，所以我会提前跑到书店对照着各类教辅书把老师即将要讲的课程完完整整地预习一遍。还没上课，我的书上就已经写得满满当当，这样一来，无论老师提什么问题，我都能第一时间昂着头完整回答。

讨厌英语老师总是喷我一脸的唾沫星子，便视敢拍桌子和英语老师吵架的同学为"人民英雄"。

操场上飞奔打闹，用整整一升纯净水从头浇下的是我们，扯着同学四肢把其丢向雪堆，还不忘拿铁锹压实固定的也是我们。

说不出日子过得有什么大喜大悲，却每天都能因为日常琐碎而增添许多感情起伏。

然后初三毕业，我要离开新疆回到广东，我们在机场哭得难舍难分，我有了一件用马克笔签满了同学名字的校服，约定好了无数个要联系，约定好了无数个一辈子。

再回到新疆，已经是大学毕业。原本空旷的马路上架起了高架桥，天空被挡得严严实实；"老贵州米粉"还在，味道也没变，依旧是老板炒菜老板娘收钱的固定组合，只是他们的头发白了个彻底。

成为：来处是何，归处是哪

当年的那群小伙伴，大多从未离开过新疆。

我们还是用最熟悉的昵称称呼彼此，倒也没什么生疏，只是就像大多数的同学聚会一样，我们的话题终究还是离不开怀念过去与对比现在，然后有人犹豫很久问："你在北京，一年赚多少钱啊？"

我们拉了微信群用来分享这次见面拍下的几百张照片，热火朝天地嘲笑彼此的傻样。聚会结束后，直到我再次离开的那天，也没有人在群里说过话。

1999/2

乌鲁木齐　在外婆的药房

物理重生。

　　小孩子的自信来得简单容易，没经历过同学的吐槽霸凌，偶尔有男生的情书表白，就能轻易认定自己是这世界上最好看的姑娘。

　　刚刚回到广东的我，一度沉迷于早茶无法自拔，单人单次就能吃掉两位数的蒸笼凤爪（一个笼屉里大约有五只鸡爪），体重一路飙升接近170斤，但因为有一个无论怎么吃，体重都能维持在90斤左右的"班花"做朋友，我也"自然"地以为自己依旧苗条且美丽。

　　直到我经过隔壁班级门口，听到那音量不大不小，刚刚足够我听清的一句："哈哈哈哈哈，那个女生走路好像一座凸牙的小山在移动啊，哈哈哈哈哈。"

成为：来处是何，归处是哪

小孩子自信的崩溃也来得轻易无比。

被当面嘲讽的那天，内心的保护罩被击碎了。我开始疯狂地在网上搜索所有关于我的下巴的信息。这时我才知道，我的下巴是因为遗传造成的骨性地包天，是一种疾病，并且只能通过手术解决。具体方法是医生人为地给我的下颌骨制造一次骨折，将其从中截断，拿出"多余"的一小块，再将切断的前端后推并移动，两段分开的骨骼就被重新衔接起来，再用钛板固定，等待骨头重新生长并连接，等到颌骨生长完全后，再打开切口，拆除在骨头表面的钛板。

说是牙科手术，其实也是一次类似整容般的改头换面。网络上，因为有着和我相同问题而忧愁的人，数都数不过来。

有人因为它饱受歧视求职遭拒，有人因为它相亲失败，有人因为它交不到真心好友，一切失败都可以归咎到自己这异于常人的下巴。如同现在的人总是习惯将一切罪过推给占星学的"水逆"说一样，大家坚信，只要对下巴改造得当，只要能够改变，自己的人生就能从此得救。

我也相信了。

我开始每天对着镜子观察自己，装作沉思的样子，用手撑住下巴暗暗向里使劲。隔壁桌的女同学上翘的嘴唇成为我最羡慕的身体部分，总想着那大概就是传说中的想让人亲吻的嘴唇。也突然发现，从小到大，我居然找不出一张自己咧开嘴露齿大笑的照片，大概潜意识里我早就意识到了自己的牙齿不美观，有意无意地试图把它遮掩起来。更严重的是，这"异于常人"的牙齿咬合不齐，让我无法用门牙咬断任何食物，哪怕是一根软软的面条。

2000/ 惠州　高中时的"胖大晴"

　　我突然反思起自己短短的人生中遭遇的所有不顺，将它们统统怪罪于自己的下巴。

世界如此不公，我总这么想着。

　　偏偏就在这时，我对一个邻校男生——一个高大、帅气、笑容灿烂的篮球队队员"一见钟情"。

　　整整一周的时间，我都在认真研读他的网络日志，并运用我的毕生所学，像做阅读理解题一样，试图揣测他的内心人格及发表动态时的心情好坏。我偷偷打印了十几张他的帅气照片，看着他的脸，写好了一封告白信，打算在跨年的那天向他表白。我甚至找到我们共同的好友，请其一字一句做批注和修改，精细校对了三遍。之后我将告白信发给了他，为了配合不同场合、不同心情的阅读习惯，我同时发送了语音和文字两个版本。

041

成为： 来处是何，归处是哪

"谢谢你的喜欢，明天就是新的一年了，你很快会有新的喜欢的人的。"

只是不到一秒的时间，显然无法阅读完全文，我就收到了对方的拒绝。

没哭，也没难过，只是随手把告白失败丢进下巴的责任范围，仿佛是一个早就知道结局的故事，或者一个期待已久的改变理由。

按照手术流程，我需要先戴半年牙套。18 岁，成了我最沉默低调的日子。

害怕露出钢牙显丑，我干脆学会了一种用整个嘴唇包住牙齿的说话技巧，几乎不影响正常说话，甚至在模仿周杰伦时更加得心应手，只是嘴里满是难以消除的水泡。

也时常趴在宿舍的阳台往下望，下面一整片的空地是校园情侣们卿卿我我的表演区域，看着他们，我幻想着自己摘掉牙套后的"浪荡"生活。

"医生，能不能早点摘掉牙套呀，我这美好的青春都跟着牙套过了，我不甘心呀。"

每次见到医生我都会念叨，他也仿佛看穿我一般，总是笑眯眯地安慰我："你要相信你摘掉牙套会特别好看。但是，也要记住，如果有谁在你戴着牙套的时候嫌弃你，等你摘掉牙套再追求，你就踢他屁股，让他滚蛋。"

也是在这段时间里，我戒掉了所有饮料和零食，没事做的时候，干脆就去爬楼梯。八层的宿舍楼，我每天能来来回回地爬几十遍，听着歌，想象着自己变美的样子，一点都不觉得累。

幻想着、惦记着，等自己脱胎换骨的那天，就去那个拒绝我的男生面前耀武扬威。不知不觉，我的体重回到了120斤，也到了入院手术的日子。

办理住院的那天，护士拿来一大叠需要签字的文件，每签一个名字，我都在笑，感觉新世界的大门又朝自己打开了一点，又一点，再一点。

一对龅牙的双胞胎姐妹一起来做手术，姐妹俩画着浓妆，拖着一个巨大的29寸行李箱，里面装满了衣服。她俩不停地在手机上来回滑动网购服饰页面，相互讨论，显然已经开始为新生活做打算了。听她们说，是因为姐姐见男方家长时因为龅牙被嫌弃，于是痛定思痛决定改变，带着自己的妹妹一起，只希望她未来不要遭受和自己相同的困境。

有个妈妈是带着丈夫和孩子一起来的，一家人正常地平淡地聊天、吃水果、看书，完美还原一切生活场景，只是将背景换成了医院。听她说，大概是终于得到了所谓的"现世安稳"，终于拥有了改变自己的能力和勇气。

还有个男生已经在办出院手续了，脸肿得像泡过了水，但看眼睛的确是迷人的类型。他还没力气多说话，只能打字告诉我，他想当个主持人，能够出镜的那种。

没什么消极和痛苦，人人充满着即将改变的期待与喜悦，这样的医院大概真的不多。

可就像准备冲刺前的当头一棒，在约定手术日期的前一天，我不合时宜地来了月经。

正颌是全麻手术，需要插入导尿管，月经期间完成这项操作，大出血和感染的概率几乎是平时的三倍，为保安全，手术只能推后。得知消息后的我，好像只出现了几分钟的短暂低落，就赶紧编出蹩脚的理由向医生请

043

成为： 来处是何，归处是哪

假出院，然后用一整天的时间吃掉我能想象到的所有在月经期间犯忌的冰冷刺激食物：冰咖啡、冰啤酒、冰激凌、麻辣香锅……

这等了 20 年的大日子，绝不能被自己"不争气"的身体毁掉。失落难以表达，更不能容忍，只能人为地扳回一城，哪怕过程有些"残暴"和不负责任。

还好，月经"很给面子"地在第二天消失，医生觉得奇怪，但也没多问，只是将手术重新排上日程。

从病房走进手术室的距离有几十米，要跨过两道门，我像一块肉一样摊平在手术台上，紧盯着天花板上的无影灯，在和医生对视的每一个瞬间尴尬微笑。只是没想到，在我大口吸入麻醉气体睡去后不久，插导尿管的瞬间，我又醒了。医生与护士的对话我听得清晰，全身却没有任何一个部位可以活动。身体沉重又麻木，甚至无法睁开眼睛，意识却是清醒的，在这种状态下被开刀，完全就是恐怖电影中的场景。事后听医生说，好像是通过心电图还是什么的异常变化，麻醉师知道了我的麻醉剂量不够，补了一针。后来我时常想，或许这是我千杯不醉的小小"科学"依据也不一定。

几个小时后，被大大小小功能各异的七八根管子连接在身体各处的我几乎用尽了全身力气才在重症监护室睁开了眼睛。这些管子包括鼻管、尿管，围绕着手脚，还塞进了嘴里。我背后的冷汗打湿了床单，人却无法移动，脸两边的冰袋则带来了一种类似有人手握坚冰再给你几巴掌的奇怪痛感，煎熬难受，只能靠数着远处的表用分钟来过日子。

护士姐姐也不再是白衣天使，而是一个通过从我的鼻孔伸到嗓子的管子，像清洗马桶一样抽取手术后的黏液和血液的可怕人类。因为是全麻手

是我：你当人生不设限

术，且切了骨头，所有正颌手术都需要在重症监护室待上一段时日。我很争气地随着身上的管子越拔越少，"光荣"成为第一个在重症监护室发朋友圈的病人，甚至还能嚅动着根本动不了的嘴和医生聊天，要不真的是太难熬了，无聊比疼痛还难熬。

"从来没见过在重症监护室还这么活跃的病人……"医生说道。

可就算再自觉炫酷，在第一次尝试从病床坐到轮椅上却重重栽下的瞬间，我也必须承认身体在经历一次大手术之后的虚弱。软绵绵的身体被搬上轮椅坐稳，从重症监护室回到病房的一路，再也没有任何一丝炫酷能支撑我抬起头。

做手术时打麻药后，麻药产生效力的过程就像从脚底插管注入凉水，你感受着水管的水位不断上升，腿、手、胸腔，直到凉意淹没头顶，你再也无法动弹。

可麻药的效力散尽却好像在一瞬间。你明明平静地躺在床上，突然有一群人从四面八方捶打你的身体，感觉最疼的头部，一定是有人从床底拿着铁板朝你的后脑勺重击。

我大哭、握拳，却丝毫不敢移动身体，直到护士拿来止痛药，也不过是将疼痛缓解而不是消除。

半醒半睡的一夜过去，手术后的第一天，我的脸因为组织液肿胀，变成了正方形。

脸部皮肤被完全撑开，仿佛细腻得看不到一丝毛孔，紧绷得发亮。我的下唇麻木到毫无知觉，口水一直滴，直到滴到胸前才被发现。

一晚，两晚……

成为：来处是何，归处是哪

白天做后续治疗，喷药，把吸管塞进张开不够一指宽的嘴里，喝又稀又没味道的营养液当作食物，晚上痛得用头砸床板，我向医生哀求："再给我一颗止痛药吧，再给我一颗吧。"

听说，手术后有个阶段叫丧失反应——因为失去了十几年来对自己外表的熟悉，剧烈的不受控的情绪起伏在所难免。在这期间，病人会不断怀疑自己选择做手术的正确性，怀疑恢复的可能性。对此，医生也没有好的解决方法，你只能不断地对着一张"新"脸学习适应，无从确定这变化是因为肿胀还是真实。

每天看着自己的脸，我怀念着手术前的脸。

甚至因为饥饿，身体的痛苦都能被遗忘。每天用吸管喝着不带"杂质"的汤，看着电视上正在播放的大米广告，突然眼泪就出来了。

"我想吃饭！好想吃饭！"

我叫着闹着哭着，把奶黄包掰到像小拇指指甲盖那么大，用舌头舔舔味道直接吞下，幸福得不得了，眼泪又流下来了。

手背被针扎到瘀青，远处的护士在呼唤我做下一次物理治疗了。我知道重生需要过程，肿胀更是需要三个月到半年才能恢复，可这个重生未免太痛苦了。

拍照，不停地拍照，每天拍照，正面侧面都要照，每一寸别人不知道的变化，我都清楚。

直到半年后，已经习惯了方脸的我，突然在看向镜子的瞬间看到的是不再肿胀的下巴、不再凸起的脸。嘴唇有了翘起的弧度，下巴线条流畅，因为吃流食而多掉的那十几斤肉，也让我的脸变得更加结构分明。我还是我，却又好像不再是我。

拆掉牙套那天，我只做了两件事：自拍，还有笑。拉着同学笑，拉着每一个路过的人笑，哪怕毫不相识，也想炫耀一下自己的成功和努力。

从那天起，让我闭上嘴微笑照相反而变成了一件难事，一切都变得值得了。

我只是没法说，它改变了我的命运。

写下这段话的时间，是2021年。

在我做了正颌手术九年之后，网络上突然流行起了一种奇怪的"精灵耳"风潮。网友们争相分析耳朵形状对外貌的改变与加持，将明星照片引入文中，好像他们的美貌只因为这一细节的加分，甚至有人动用医学手段后天获得这样的耳形，仿佛从此就踏入了时尚的热潮。而所谓精灵耳，却是从小困扰我的另一项特征——招风耳（耳朵远离颅骨）而已。

或者说，它对我家人的困扰远胜于我，妈妈、外婆，都曾尽力地让我的耳朵回到原本"应该有"的位置。强制我侧睡，并在半夜醒来检查耳朵的合适位置；给我的耳朵贴上胶带，希望能获得和牙套一样的塑形效果。显然，她们都失败了，我的耳朵还是那么直挺挺地立着，一点都不为之所动。她们也只能复盘错误，仿佛仅仅因为洗澡时我将耳朵折叠捂紧的动作就对它造成了终身改变。

我不知道自己的耳朵犯了什么错，可看到大家的反应我觉得，我有错。

直到第一个夸赞我耳朵的人出现，他说："我觉得你的耳朵好像永远在微笑。"然后用手掀开我专门用来挡住耳朵的头发，就像掀开了笼罩在我头顶的乌云。

伴着神秘风潮的出现，我终于想通，其实一切的改变与努力，好像什么都没有改变。

胸也是一样。

小学时，有个同班女生发育得早，体育课对她来说就是"灾难课"，追赶跑跳，她的一切正常运动都会引来同学聚集。同学们盯着她晃动的胸部指指点点，用手在身前比画，模仿她的胸部晃动的样子，发出巨大而荒谬的嘲笑声。

我没资格指责他们，因为我是他们中的一员。但其实那时，我的胸和她的一样大。

只是我从小外向强势，而她内向自卑，不懂反抗辩驳，恐怕也不曾向家人求助，只能穿上越来越紧的内衣，把手环抱在胸前跑步。在每一个和人擦肩而过的瞬间，她都是弯腰快步走过，希望别人不会留意到她凹凸有致的侧面。

我搜寻了所有记忆，也还是想不起她挺胸抬头的样子。

19岁时，我去泰国学潜水。买泳衣时选择了橱窗中最性感的一套比基尼，却只敢穿在衣服的最里层，恨不得还要多穿几件才叫安全。到了海上，整艘船的人都在更换潜水服，我偷偷地躲在角落，等到所有人都准备完备开始下水，确认了前后左右没有人会关注到我，才开始快速地脱掉衣服，换上潜水服，上岸时再迅速拿起浴巾裹住身体。这么羞耻，要挡好，我想。

被菲律宾女生邀请合照，她右手叉腰，双腿自然地前后分开，前脚微

是我：你当人生不设限

微踮起，抬头挺胸，肩膀后收，一秒完成拍照姿势。我呢，迅速用头发盖住脸，要不脸大不好看；收点肩膀吧，可能会有锁骨；一定要收腹啊，要不肚子太大怎么办……来不及想完所有的可能问题，照片拍完了。我像一个扭曲的巨人，肩膀内扣、驼背弓腰，猥琐又尴尬地站在照片里。

没有人欺负我，我却被自己的胆怯霸凌。只是当大众审美随时间流动至属于我的那一刻，我又将胸的大小放进介绍，转头接受起夸奖与赞美。身体成为"工具"、成为"武器"，但其实你我都没改变。所以想想当初，为什么要改变？

现在的我，28岁。

一向没有稳定运动习惯的我，因为生产之后出现的腰痛，开始了持续且有节奏的普拉提课程训练。

我的教练是韩国釜山人，个子不高也不瘦，没有翘臀也没有蜂腰。我选择她的理由就像当年我在泰国学潜水时选择英语教练一样，我觉得两个母语相同的人，因为总想用更精准的语言调整技术，反而容易因为繁复的形容产生歧义。毕竟交流轻松，友谊和情感的交流也很难免，但这真的会耽误教学进度。而英语教练，特别是母语也不是英语的英语教练，则习惯用更简单且精确的词来描述，稳、准、狠。

她也如我期待的一般，在首次上课时就承诺，我们要每节课都进步一点，毕竟并不便宜的私教课程，只有肉眼可见的进步才能让人坚持。

一年训练时间过去，她从手机里翻出一张照片，是我们刚见面时她拍下的。当时她让我自然地趴在地面，她从我身体的正上方拍照。趴下是一件简单的事，但照片里的我，由胸至臀，后背居然向左歪斜出一个巨大的

049

成为：来处是何，归处是哪

弧度，而地上的我完全感受不到。

一年之后，我再趴下，身体虽然算不上笔直，但因驼背而拱起的后背收回，歪斜的骨盆也几乎回到正常的位置，对比来看，非常神奇。

我终于没忍住，问她："为什么你作为一个教练，却没有拥有他人想象中的美好身姿？"

她说："首先，我很喜欢吃，我喜欢广州，因为珍珠奶茶和烧鸭太好吃了，我现在回韩国根本待不了，因为吃不惯。"

我大笑。

"每个人做事的目标不一样，运动的目标也不一样，普拉提的目标就是控制自己的身体。别的事不好说，但身体、骨骼，确实有正确的位置。上天很神奇，把人塑造得很好，但人又总是因为各种理由改变身体、损害身体。健康的人不一定好看，但不健康的人一定不好看。你能质疑我的好看，但你从不会质疑我的健康，对吧？"

回家后我脱掉全身衣服照镜子——这是锻炼之后养成的习惯。导演选角儿看素颜，锻炼呢，就是要感受不经任何衣服修饰的身体变化，熟悉是改变的第一步。

膝盖内扣、骨盆侧倾、脖子前倾，这是我还没改掉的"身体错误"，但我不再像几年前面对牙齿问题时那样焦虑，因为只要不是用"丑"字粗暴概括，审视的眼光也就变成探索路径。

我的额头有块胎记，边缘的部分由额头中心斜线向下，正好可以用一个斜刘海完美遮盖。我深得其道，从小学六年级开始，斜刘海就如钢铁一般固定在我的脑门，成为我身体的一部分。

是我：你当人生不设限

　　一年前，我突发奇想更换了刘海形状，将斜刘海变齐。明明只是更换了一个形状，每天起床梳头却多了无数麻烦，理发师只顾着好看，却没注意我的头顶因为有"旋"，侧分反而符合头发的自然生长规律。在无法摆弄刘海的尴尬期，我梳起了"大光明"，凉爽和舒适从此无法"由奢入俭"，加上太阳的帮忙，额头皮肤整体晒出"棕亮"，反而让胎记隐形了。

　　至于我费了大劲的牙齿，因为没能坚持带保持器其实有些反弹，但它不影响我笑，也不影响我吃。

　　我想了半天，从名字到长相，当时想要表白的男孩，好像只剩一个符号而已。

城中村 ○ 爱情

21岁，我在广州一个不足十平方米的出租屋里结束了我的"第一次"。

故事的男主角，是我去隔壁广州的大学找朋友时认识的校园招聘官。

他个子很高、圆脸、戴眼镜，穿着西装衬衫的样子称不上精致挺拔，远远一看，更像保险从业者或房屋中介，还是刚入行的那种。俗套的搭讪，听口音明显不是广东人。我给了他电话，不是因为有什么奇妙的好感，而是一种对勇敢搭讪的男生的鼓励，好像只要对方不是过分讨厌，对于这类请求我总是给予满足。

可就在我快要忘记这个人、这次见面时，他却提出要来一次认真的约会。在一个打伞都毫无用处的暴雨天，还是那身西服衬衫，见面时他的身上已经被淋湿了一大半。

052

是我：你当人生不设限

明明是个做技术活儿的程序员，却奇怪地被老板派去招聘；明明是比我大三岁的年纪，对着我，却像个遇到班主任的小学生一样手足无措。抛出的话题总是尴尬，面对我的提问，他也显得极其迟钝，充满应付。

"我们去吃东西好不好？"

"好啊。"

"我们去打电动好不好？"

"好啊。"

"你没啥话说，我回宿舍了啊？"

"好啊。"

就像一个不会提出意见的小孩子。

直到我回到宿舍，梳洗结束准备躺下，才又一次收到他的消息："我只是在想，你一直说我傻，到底会不会讨厌我啊。如果不讨厌的话，我在门口等你，你能出来吗？我没走，我怕我就这么走了，你就会忘记我。"

真诚又笨拙。

很多年后，我才意识到，这是我钟情的人类标签。而那时，我只是又好气又好笑地一路小跑冲了出去。

之前几小时的相处都不作数，吃消夜的时间，我好像才终于开始了解面前的这个人。我知道了他来自兰州，1991 年出生，明明家境不错，但也选择叛逃离家，想凭借自己的能力在广州做出点成绩。我看着他卖力地表现自己，从工作讲到生活，直到面前的杧果冰在空调下化成糖水。我在心里替他翻译："我真的很好啊，你看到了吗？"可谁在乎呢？

说出来的嫌弃都不是真的嫌弃。虽然我叫他傻飞。

053

成为：来处是何，归处是哪

那天暴雨，刚晚上九点学校里就失去了喧哗。他的白色衬衫被淋得几乎透明，我的帆布鞋也变了个颜色。我们在暴雨中的马路上一遍遍走着，他不说离开，我也不提。不说话的时间占了多数，我知道那一段段沉默的时间，他都在绞尽脑汁地想出一样新鲜的兰州民俗，希望能逗我一笑。

原本只是为了挤进伞里而拉近的距离，伴随着雨停，也没有再分开。

他带着我去和朋友吃自助餐，连取餐时都要紧紧牵着我的手去拿取食物，我蹦蹦跶跶地跟在他身边，食物都不重要，反正我满嘴满心都是笑。

在一起过平安夜，他说要加班，让我也只能老实待在宿舍写作业。一个下午，我都对着手机痛骂，结果发现他早就偷偷跑到学校，只是想给我一个惊喜。他使劲揉我的头，我整个人挂在他的身上笑。

第一次在一起跨年，攻略上写的倒数地点快到零点了我俩都没找到，只好在马路边对着手机屏幕，调出久不使用的分秒时针，大喊着"10、9、8、7……"倒数，接吻。只要在一起，就是好节。

所以，当面对自己最讨厌的春节时，我也毫不犹豫地带上了他，好像带上了令人安心的宝物。

那是我第一次带男友回家过年，甚至是第一次向父母介绍自己的男友。衣服挑了再挑，好像还是衬衫显得正式，白色过于严肃，淡蓝就显得年轻又轻松。水果是必须买的，什么看起来最贵、最体面？当然是进口的豪华果篮，才能显出珍贵用心。

父亲的待客之道是酒水管够，但在他心里，无法一起喝个尽兴的人，大概也无法面对生活的重担吧。我不能确认。但因为傻飞不胜酒力，甚至需要我来挡酒时，父亲脸上挂着的失望，不需要任何解释。母亲更像面试官，考察标准继承外公外婆，所以当她发现我俩居然同屋关门相处，哪怕只是躺在床上用电脑看一部贺岁喜剧，随之而来的也只有暴怒。

过年期间开门的饭馆不多，我们像逃课谈恋爱的情侣一样，面对面地坐在肯德基的窗边，他还是沉默多过玩笑，只是牵着的手一直捋我的无名指，默默地说："等我开始实习，我们就订婚吧。我以后一定会给你一个特别幸福的家，真的。"

那是我第一次觉得，原来爱情于我，是救命稻草。

即使只是一根枯梗，我还是愿意把自己拴在上面，和它一起埋在土里。哪怕从来不敢依赖在什么上面，只要一想到对方是你摊开伤口、埋头痛哭的对象，是你的能够自己选择的新家，就控制不了地想要更多，想要把自己缺失的全都找回来，委屈全都补过，再改头换面从头来过，快快乐乐、健健康康。

可这又谈何容易呢？

那时的他，因为工作变动，在春节假期结束后经历了很长一段时间的收入断档，又不想向家里求助，只能有些走投无路地住在一个月只需要八百块的广州城中村出租屋里。

第一次去，穿过满地垃圾和稠黑的麻辣烫油渍后，我看到了他住的那栋楼。即使外墙看起来刚刚刷白，也因为层叠的广告显得邋遢又肮脏。走进只能允许一人通过的狭长走廊，不断拍手大喊才能唤醒迟钝的感应灯，两边墙壁上嵌着的铁皮门一个挨一个，看不到任何一丝"住处"的温情，离"家"字更是相差甚远，我觉得背后发凉，只能扯紧他的衣角快步进门了事。只是进房间后，环境也并没有显得更好。十平方米左右的面积，卧室、卫浴挤在一起,除了一张不到一米五宽的床,就只剩下走人的通道。没有空调,没有厨房,墙皮鼓起,风扇嗞啦作响。

我在床上抱着他,他的双脚甚至都无法完全躺进小床的边缘,他向我道歉,居然让周末来找他的我,和他待在这样破旧的房子里。我摇摇头,真的没有嫌弃,只有心疼。进门的难堪不适被强制遗忘,只留下了被他拉着蹦跶回家的喜悦。

我被下蛊一般地沉溺在相处的时光里。

甚至我曾经幻想过无数次的,一定要发生在圆床落地窗海景房的"第一次",如今只能发生在这房子里,我也觉得没什么。

有他在哪儿都好,我总是这么想。

他是稻草。

凌晨三点吵架,我从出租屋生气地跑出去,大喊着我要回学校,我要分手,却在躲起来后不忍心看到他沮丧难过。他趴在路边的栏杆上给我打电话,我一直挂断,然后走到他身后,用一根手指戳他后背。像分离多时后重逢的喜悦,我们紧紧拥抱,趴在我肩膀抽泣的他,用近乎撕裂的声音喊着让我别走,紧紧地拉着我的手,说要带我回家。回家,多令人着迷的一句话。

我们在这个又破旧又肮脏的城中村街道拉拉扯扯,上演了一出我曾经最不齿的狗血分手剧情,连窝在路旁的醉汉看了都忍不住发笑。

他说,好怕真的再也见不到我了。

是我：你当人生不设限

其实，我也害怕。

他总说我是犟驴，是"革命党"转世，我却明明觉得自己越来越乖，明明好好的一只狮子，就默默地被傻傻的他驯服成了大猫。

你看，我到现在，都不愿意说出当时怪罪他的理由。

其实是现实的工作问题，没办法简单解决。

我原本是不在乎的，工作什么的，早晚会有，或者他只是还想多看看，找个更好的而已。直到有一次见面，我突然发现，他原本肉肉的脸已经凹下去了一大块，我才意识到，问题大了。两个多月的待业时间，他原本就不多的积蓄已经被花了个干净。这次见面前，他仅用几十块钱解决了一周的饮食，为的居然是等我周末过来能带我吃顿好的，一顿其实只有六十八块的鸡公煲。

回学校前，我在他空荡的钱包里留下了几百块。

那段日子，我们相处的频率伴随着金钱的压力逐渐降低，我们好像回到了短信收费的年代，再也想不起那些免费的亲吻拥抱和初见时那场免费的暴雨。

其实他的家境不差，在兰州本地算得上衣食无忧。我也不止一次在他家人打来的电话中听到了期待与催促。我懂他的挣扎，却看不清他的现况。

直到几周后，我终于从他的嘴里听到了那几百块的下落——在一次朋友聚会中，除了68块钱的鸡公煲，它还贡献了数十瓶啤酒带来的热烈氛围，然后功成身退。只是那热闹，同样让傻飞睡过了头，错过了一次可能留在广州的机会，一次重要的面试。

我不知道那时的他，是不是心里早已有了决定。又过了几周，或者更

成为： 来处是何，归处是哪

短的时间，借着处理家事的缘由，他搭上了回兰州的飞机。

故事的发展奇妙又老套。

他走的第一天告诉我，只是处理事情，一个星期就回来。

他走的第二天告诉我，事情处理得很顺利，三天后就回来。

他走的第三天告诉我，情况有变，一个月后他才能回来。

走了不知道多少天后，他告诉我，他真的有很多事情要处理，最晚六月底回来。可是到六月底，距离他走已经三个多月了。

他不停地安排着行程，也不停地向我传送着照片和视频，每一张每一帧都散发着回家的喜悦，只是不再提起回来的时间，我也不再问。疑问挣扎时常出现，只是在每一个试图询问的瞬间，我的心里都会充满对自己的厌恶，只能默默等待。

直到有一天，朋友突然说："你不会是被骗财骗色了吧！"我才突然意识到，我们之间还存在着一段"债务关系"。

在那段最困难的日子，坏事也赶巧发生。傻飞用了两三年的手机突然报废，我只能拿出一笔四千元的巨款，借给他买了手机。说是帮他渡过难关，更像是怕失去最后一点儿联系的理由，哪怕这是我四个月的生活费。

"我知道我对不起你，我就是觉得，我把钱还你了，就再也没理由能见到你了，真希望我死的时候你也记得我，想着这小子还没还我钱呢！"

他说得理直气壮，却只字不提回来的时间。

一周后，我接到了一通电话，来自兰州的陌生号码，是他的妈妈。她从儿子深夜常常拨出的电话里找到了蛛丝马迹，她没有向儿子提起，只是默默地记在心里，等待一个儿子烂醉后回家的深夜，用一通电话来处理所

是我：你当人生不设限

有的后续。

"抱歉，我来帮他还钱吧，他不会回去了。"

我们分手了。

傻飞妈妈做事也"干净"，钱款打到账，再说声抱歉，就删除了微信好友。

分手后的一个月，我大多时间在掉眼泪，无论是拿起手机，还是看到窗外曾经一起走过的街道，都会触景生情。看着已经被删除好友的微信聊天对话框，从想念到怨恨统统无处发泄，只能在微博无数次搜索他的名字，又在发现并没有更新后，失魂落魄地关掉页面，对着手机里一直舍不得删除的合照发呆。

大概是太过认真却没有得到好结果的触底反弹，我在之后的一年，都过着潇洒快乐的"浪荡"生活，好像再也没有分手能让我觉得撕心裂肺。浅薄无趣，随心所欲。

直到一年后，我突然接到他醉酒后的电话，他发着酒疯，对着话筒呐喊，就像那晚在城中村争吵中的嘶吼。

"你还记得不记得有一次我喝多了，拉着你说了很多话，第二天，你问我还记不记得昨晚说了什么，我说不记得了。其实我记得的，我说我会照顾你一辈子……不过，我好怕我自己做不到啊，所以只能说自己不记得了……可是我真的想做到啊……"

我没想到自己还会再哭，问他："那你还记得你给我表白的时候说过什么吗？"

"记得，我说我会照顾你，我会保护你，我想带你去旅行，带你回兰

成为：来处是何，归处是哪

州，给你一个家……"

　　大概就在那一天，我终于原谅了他。我在意的也许从来都不是长久未来能否如承诺般出现，而更像是确认了在一起的那段时光，我们都没有欺骗彼此。

　　但我想，距离我彻底放下，重新开始，还差一件事。

　　几天后的周末，我拉着朋友回到了我和傻飞曾经住过的城中村。地面变得干净了起来，那栋出租楼却还是以原来的面貌存在，我嬉皮笑脸地指着窗户给朋友看哪里是我们的"家"，感觉自己好亏。我和朋友吃了一顿68 块的鸡公煲，味道非常普通，甚至有点咸。

　　冲着路口在心里说了句再见，想着曾经的快乐与痛苦都是真实的。既然他也曾为我拼尽全力，就没什么好怪罪的了。

其实我并不想在22岁谈论婚姻〇

"旅游达人"曾经是我最闪耀的名头。

"一个人""穷游""女生""背包客""沙发客"。

我因为这些名词的排列组合被关注，被邀请去各个平台演讲分享，其中就包括一次凌晨十二点开始的午夜旅行分享会。

那是一家开在广州的繁华路段——天河东路的24小时书店，周末凌晨，深夜分享准时开始，我们管它叫深夜故事。来这里分享的人好像没有什么固定制式，博士、嘻哈歌手、海岛体验师或者记者先后出现。我那场的海报上写的是"资深沙发客，用冒险和体验与世界谈恋爱"，在2015年，这大约是一句足够出挑的介绍。还没到现场，工作人员就告诉我，有专程从广西和深圳赶来参加分享的听众。我从朋友家打车前往活动场地，

成为：来处是何，归处是哪

当时还不知道这厚爱里藏着一种怎样改变我人生的力量。

这是我的第一次线下分享，那时更流行的方式是让分享者和听众在同一个微信群里，分享者发送一条条 60 秒的语音，这样成本低廉也方便回听，所以当我第一次面对近百人的大场面，其实有点不知所措。

"据说有位从广西专程过来的朋友，可以举手示意一下吗？"我终于想到了开场白。

然后，从左侧书架边缘，有一只手短暂伸出后又快速收回。是一位黑黑瘦瘦的男生，伴随着工作人员确认，在场观众也跟着发出赞叹声，这声音使我兴奋。通常会在两个小时内结束的分享会，伴随着玩笑与打趣，到彻底宣告结束的那一刻，天都亮了。我忙着和听众合影留念，互相添加联系方式，广西来的小伙儿只是点头示意就独自离开，好像见面就是唯一重要的意义。我想起还有一位从深圳赶来的朋友，发现他早就在书店的角落睡着了。

凌晨六点，同样熬了个通宵的店员们开始做开业准备。清扫卫生，归位书本，我和最后留下的几个听众坐在角落，有一搭没一搭地聊着，深圳的朋友睡醒了。

三男两女坐一桌，大家年龄都差不多，从吐槽学校到畅想未来，等快要分开，大家甚至决定将自己的校园卡送我，作为听故事的回报。哪怕回头需要面对烦琐的补办流程，只是为了留下日后相认的凭证，我也只有承蒙厚爱。

不知是说到兴起还是双手实在空闲，深圳来的朋友抬手，十分自然地摸了摸坐在旁边、趴在桌子上的我的头。"属相性格"（我属狗）被唤醒，

是我：你当人生不设限

我舒适地动了贪念，在他停下手后，居然贪婪地回头想再要多一会儿的抚摸，他却在这一瞬间就对我动了心。

"你慵懒回头的样子，好像一只猫啊！"

和他认识的这年，我 22 岁，一年前刚刚结束了一段用力过猛、刻骨铭心，却又无疾而终的恋爱，自觉受伤，便干脆开启了自由放任的人生模式。恋爱、分手，一次又一次，不能说在其中没有伤害过谁，又或者没有受到过伤害，只能说还好，大家相互取悦和温暖彼此，然后再离开。速食爱情，棋逢对手。

可他不是。

和我认识的这年，他 21 岁，家境优渥、和谐美满，过着波澜不惊的生活，即使家庭内部有冲突，也总能顺利解决。他发给我的视频里，只见在他进入房间睡觉后，父母又偷偷走回客厅，憋着笑推推攘攘，把一局二人世界的五子棋下得热热闹闹。我恶作剧，要他冲着看报纸的妈妈没来由地"嗷"一声，他立刻照做，还录下视频，视频里的妈妈虽然一脸疑惑，却立刻配合儿子"嗷"了起来，好像这只是他们日常娱乐的平淡一刻。而一个月后，他就要飞往美国读书，实现计划中美好人生中的关键一步。他说，要不是想留在国内考驾照，他早在几周前就应该飞到美国来一次环美旅行。这次来听我的分享会，也只是漫长暑假的消遣，广州深圳间的隔天往返，已经买好的返程车票就在两个小时后。只是，这一瞬的心动改变了一切。

车票被退掉，取而代之的，是两张几小时之后的电影票——《侏罗纪世界》。我不确定是不是为了证明自己精力旺盛才答应了他的邀约，只

063

成为： 来处是何，归处是哪

是电影刚刚开演十分钟，我就对身边这个"小朋友"的心思十分确认了，他想亲我。没错，哪怕他只小我一岁，从知道他年龄的第一秒，我就开始用小朋友来称呼他，而在电影院里的笨拙举动，更是让我确认了名称的正确。我能感受到，他在靠近、在侧身、在偷偷瞄我，甚至在电影正精彩处和我说如果困了可以靠着他休息，然后，在尝试失败后深深咂嘴叹气。直到电影结束，字幕出现，灯光亮起的瞬间，他双手抱着我的头，横冲直撞地来了一嘴，明明是嘴唇一碰到就火速弹开，他的脸却伴随着灯光亮起的瞬间，也变得通红无比。

我看着他笑，他一脸尴尬却意犹未尽，只是在影院工作人员的催促中，我们不得不离开。那时已经是下午两三点，阳光最烈的时刻，我们在路边漫无目的地走路，毫无来由地大笑。在我们相识的第一天，他战战兢兢地问我："可以做我女朋友吗？"

在他之前，我谈过不少恋爱，喜欢上的男人都比自己年长，我也好像从不讨同龄小伙子喜欢。那些和我在一起过的男人，大多成熟老练，不需要人操心，每一言每一行，都懂得拿捏准确，不失分寸。鲁莽和冲动，又一次击中了我。

我说："好。"

事后我才知道，电影院的那次，是他的初吻，他急于献出，也只因为一刹那的心动。

我说他的人生被保护得太好，他说我不懂他的难处；我叫他小朋友，他总是嘿嘿嘿地一笑而过。那时我就想，为什么人总是急于否认自己的人生是顺利安稳的呢？好像不出点岔子，就不足以变成一个特别的人。可我

064

是我：你当人生不设限

却不知道，他只是想证明，他有能力爱我。

我慢慢向他打开心门，他也带着所有的单纯爱意涌向我。

明明是跨城异地恋，但在我每一个提到想念的瞬间，他都能出现。惹我生气了，他跨城赶来，却不忍心打扰我的美梦，只是在宿舍楼下呆呆地站着等我醒来向我道歉。哪怕我还未正式对外介绍过他的存在，他的头像就已经变成了两人合照。

我着迷于他看向我的瞬间。他的眼睛不大，睫毛很长，除非我们共同看向另一处，他从不会率先将眼神移开。他热爱我的笑容，哪怕我只是嘴角挑起，他也总是用咧向耳根的大笑来回应，然后自然地伸手摸摸我的头，我也会凑得更近一点。

有时我也想维持住自己的"长辈"人设，大谈吸烟的害处只是其中一项。他听我说，点头，不和我争论也并不表明赞同，我也没放在心上，毕竟家中的男性长辈好像都过着离不开尼古丁的一生。直到现在，我也不知道他是如何做到的，两周后，一天需要两包烟的小朋友，没再让任何香烟靠近自己。在认识我之前，香烟大概是他平淡生活中唯一的叛逆；遇到我之后，我成为烟。

我撒娇地吐槽，谈恋爱不要这么用力。

可他却说："因为在一起的时间开心得像梦，好怕梦醒。不过醒来也没关系，我马上去追你，也来得及。"

我再也没法随意地对待这段关系了。

我们第一次去酒店，是在一起半个月的日子。去往酒店的路上，短短几百米，小朋友就喝掉了三瓶农夫山泉，尴尬地笑，眼神乱飘，整个人连

成为： 来处是何，归处是哪

走路都变得僵硬起来。酒店前台看着我俩隔着十万八千里的身体距离和他尴尬的神色，战战兢兢地问了句"是要大床还是标间啊"，生怕误判了关系得罪客户。我转头看他，他只是猛灌水，我回复"标间"，然后分明看到他长长地松了一口气。

短短一个月的时间，一切都达到了美好的最高峰。

"你不是世界的大晴了，你是我的。有句话说，'世界在姑娘手上，姑娘在我手上'，可是我觉得这不重要，重要的是，我在姑娘心里。"

我其实是个记忆力很差的人，于是我干脆一字一句地将他说过的话，很宝贝地记在备忘录里，时不时拿出来看一遍，叮嘱自己千万别忘记。哪怕大家都说这是浮云，可是浮云真的太美丽。

一个月纪念日，我们去了迪士尼，这也是我们漫长异国恋开始前的最后一次见面。他去美国读书，我留在国内继续准备毕业和实习。

我不知道在哪里看来的一句鸡汤："如何确定你嫁给了一个对的人？大概是你不和他结婚也会愿意拜把子成为兄弟。"讲给小朋友听，他却迅速与我达成共识，明明是在排队拍照，我们突然决定跪在米奇和米妮面前一脸认真地拜把子。"苍天在上，黄土在下……"仪式中该说的句子，我们一句都没落下。

偷偷瞄他，一脸严肃认真，我从心里笑到了脸上。这个傻瓜啊，大概就是可以和我游戏人间，愚蠢却快乐生活的人生伴侣了。直到"仪式"结束，他才开始嘟囔："拜完把子的兄弟，还可以结婚吗？"

等到晚上，迪士尼的城堡上烟花绽放，他从身后抱着我，时不时地念叨一句亲一下："宝贝我要走啦，你一定要等我啊！"

是我：你当人生不设限

2015/12
北京　偷偷去试穿婚纱

成为： 来处是何，归处是哪

我骂他啰唆，然后偷偷闭上眼睛，把他环抱着我的手拉得更紧一些，想要更努力一点，记住此时此刻的一切，记住这种从背后渗入的温度。

小孩在旁边打闹，烟花散落满天，爆米花和烤火鸡腿香味正浓，配乐是《狮子王》里那首经典的《你是我唯一所爱》，他用力让我转身面向他。

"我们结婚好不好？等你来美国找我的时候我们就结婚好不好？"

我迅速地把这句话过了一遍脑子，居然想不出一个拒绝的理由。

"好，等我去美国找你，我们就结婚。"

离开迪士尼前，我们在前一晚烟花绽放的城堡前各自拍了张拍立得相片交换保存，就像初见那天留下证件一样，好像这样我们就永远可以再见，永远不会走丢。回到深圳，傍晚的阳光刚好从房顶的侧面洒下，我冲着太阳的方向想走向车站，眼泪一直在打转却哭不出来，明天，我的小朋友就和我不在同一片土地上了。

"如果有人在美国看到他可以帮我把他带回来吗？"

我在朋友圈写着。

第二天，小朋友发给我一篇文章，里面写道，"地球是圆的，你怎么知道背道而驰，不会变成殊途同归呢"。等我读完回到微信的聊天页面，就看到小朋友买给我的半年后去美国的机票，启程的日子，是我毕业实习结束的那天。"可能异国恋真的要有盼头，这是半年的分量。等你来美国，我们结婚吧，你答应我的。"

我什么都不怕了。

大家都说，在一起最重要的是要有共同的人生目标，而那半年的时间，我想我们的目标达到了前所未有的统一。我们要结婚，半年之后在

是我：你当人生不设限

美国结婚。

我这么一个不怕死的人，突然就变得小心翼翼又不想冒险，连过马路都变得左顾右盼，只怕万一出了意外，我还怎么去美国见小朋友，怎么嫁给他啊。

他这么一个从小乖巧听话的孩子，面对大家庭对我俩恋爱婚姻的质疑责骂，不曾动摇、不曾怀疑，只是一遍一遍地告诉家人他有多爱我，他的女朋友有多好。用他的话说，活了二十多年，为了我第一次背对了家人。

作为回报，我独自去了深圳，希望帮我俩多争取一些祝福。

我站在小区外等待，小朋友的妈妈开车出来接我。明明只有我和她两个人，她却订了酒店里的旋转玻璃桌上有花束的包间，然后竭尽所能地用一种平静且柔和的方式询问我俩关于恋爱、婚姻和对方的想法。我看得出，很多时候她在憋笑，那是一种，对相信爱能解决一切的年轻人的羡慕和无奈。她终于开口："我不反对你们恋爱，可是一定要结婚吗？"

我回答："我不会做叛徒的。"

她只好笑，我也当作获得了这份祝福。

我瞒着小朋友在周末偷偷去了婚纱店，想看看自己穿上婚纱的样子。从鱼尾到超长大摆礼服，我一件件试穿，不时使唤着陪同的朋友给我录像拍照，像一场变装游戏，直到终于确认自己的心仪礼服是一件抹胸缎面的大摆婚纱。拉上拉链，在店员走来帮我盖上头纱的瞬间，我终于安静了下来。我看着自己的样子，幻想着自己的婚礼，惦记着要如何经营自己未来美好的生活，然后脱掉了这件价值 8000 块的婚纱，回去上网，买了顶 20 块的头纱。

成为： 来处是何，归处是哪

婚纱太贵了，还是把这钱用来过好生活吧。

那半年，我们都太努力了，努力到天真地用全身心相信，如果能够对抗世界完成婚礼，就再也没有任何难题能够将彼此分开。

我问他："一个 1995 年的孩子干吗那么急着结婚？"

他说，他已经用了 20 年来等我。

我在想，我又何尝不是呢。

2016 年，我结束了自己的毕业实习，如期坐上了那架半年前就买好机票的飞机。出发的前一晚，我和朋友去了酒吧，大家跳舞喝酒欢送我，就像一场正式的告别单身派对。比我年长的女性朋友甚至提前准备好了红色盖头和木梳，这是她家乡传统的家人送女儿出嫁的东西。

"一梳梳到头，富贵不用愁。二梳梳到头，无病又无忧。三梳梳到头，多子又多寿。"

过了零点，手机上早就设好的倒计时显示为"距离飞往美国的时间还有 0 天"。上飞机之前，我甚至连一块钱的美金都没换，因为我知道，我在那边有家人。22 个小时后，飞机跨越了整个太平洋，落地纽约的那一刻，有个大叔喊了句"Welcome to New York（欢迎来到纽约）"。

我终于，马上就要结婚了，我终于要见到我的小朋友了。

我走出登机口，他早早地买好了花在机场等我，粉色玫瑰，上面还有他在机场买了矿泉水偷偷洒上的露珠。就像第一次见面那样，他摸摸我的头，算是迎接我的到来。

我从没去过美国，但他一直坚信我会喜欢那里；或者说，他在尽全力让我喜欢那里。美食、实验话剧、购物街和能够上到自由女神头顶皇冠位置的门票，统统在他的安排之内。我们在博物馆里跳舞，在过山车上大叫，在雪地里用手和脚在地上画画、打雪仗。半年不见，小朋友还是那个我爱的小朋友。一月的纽约冷得刺骨，但那段时间的天气却好得出奇，日日蓝天，没有白云，阳光刺眼到甚至需要每天带着太阳镜出门。感谢太阳镜，我的每张照片里，都有他拍照的样子。

只是期待已久的"婚礼"却不似预期。

在美国，结婚需要有第三方见证人到场，我们邀请了小朋友的师兄，可他却因为需要在星巴克排队买早餐这种愚蠢的理由，让我的婚礼延迟了将近两个小时。旁边是盛装打扮的拉美家庭，有人在拍照，有孩子在奔跑打闹，新郎仔细地帮新娘整理头饰，新娘微笑着打理面前的手捧花。忘带头纱的我穿着牛仔裤站在一旁，头顶着早上自己刚用瑞士军刀修剪的刘海，突然就特别希望家人朋友都在场，哪怕在大家看来，这真是一次酷炫的婚礼。

我瘪着嘴走进宣誓礼堂，还在为时间推迟的事情生气，负责证婚的黑人大妈已经问出了最重要的那句："你愿意嫁给他吗？"

我也只是敷衍地回答："Yes."

大妈一脸不乐意，把手头的文件一摔，中断宣誓，特别严肃认真地教育我说，如果不乐意，我可以不结婚，但是大家既然站在这里，就要真诚地向彼此、向上帝、向政府宣誓，别敷衍。我转头看着小朋友，小朋友一脸期待。

我沉默许久，脑袋里过电影一样都是和小朋友在一起的日子，然后抬头看看他，看看黑人大妈，深吸一口气，认真回答。

2016/1

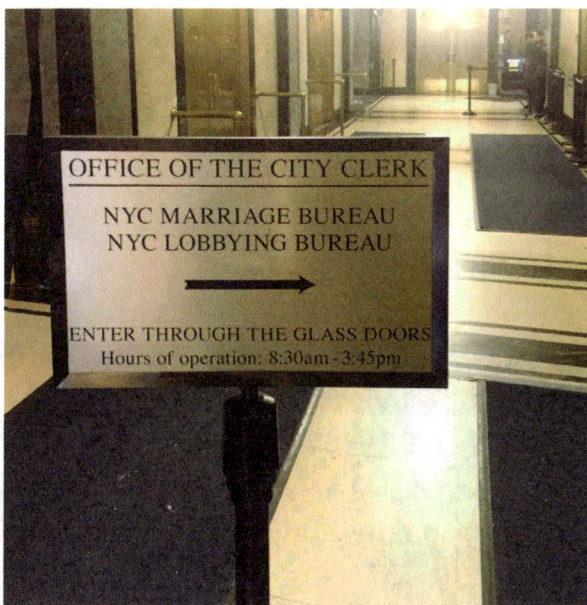

美国纽约市政厅　前往结婚登记处

"Yes, I do.（是的，我愿意。）"

还没等大妈宣布可以亲吻新娘，小朋友的脸就向我冲来，和在电影院不同，这次是一个理直气壮的吻。

2016 年 1 月 11 日，我们结婚了，我们终于结婚了。

当晚，小朋友把结婚纪念日文在了锁骨——"2016.1.11"。

他说这是给我的结婚礼物，身体上的烙印代表彻底的归属。原计划是一起文的，可我尿，他也看出了我的尿，一句心疼我，不用两人忍受文身的疼，就算事情结束。只是等他睡着后，我偷偷看了很久他的文身，用很

072

是我：你当人生不设限

轻的声音叫着"老公""老公""你以后，都只属于我了呀"。我从没当面向他说过任何类似的深情告白，甚至会在朋友圈夸他时也将他屏蔽。所以我爱他，爱他的热烈和直接，而我唯一能回报的，就是在这天，将自己最宝贵的东西：我全部的自己、我对家的期待、我的未来，都交给他。老套且真诚。

不可否认的是，经过短短一段仪式，很多事自然地就被颠覆和改变了，至少对我而言是这样。

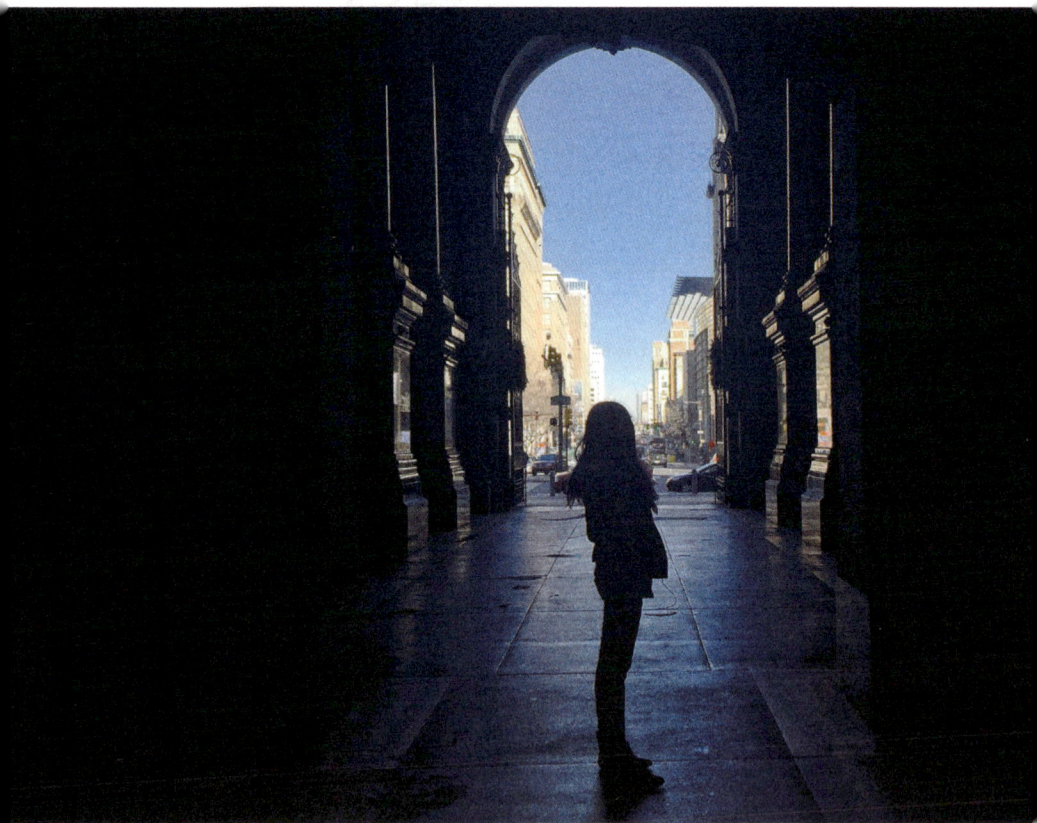

成为： 来处是何，归处是哪

那年春天我去了趟墨西哥，小朋友碍于开学不能同行。虽然他口口声声说这是对我的"天性"的支持，但也对墨西哥的安全状况深表忧虑。一向对每天佩戴结婚戒指严格要求的他，转而明令禁止我戴戒指出去，怕任何一点外露的财富都会给我带来危险。我却坚持每天佩戴，只是把有钻石的那面转向手心，每当经过任何危险区域就干脆握拳，钻石触碰手心的坚硬感给我带来的是无穷的安心。当我爬上墨西哥的雪山时，却发现弄丢了小朋友送我的墨镜，其实不过是几十美金，两百元人民币出头的价格，但我宁可原路回到山脚，找到了才继续旅行。

2016/1
国费城
后小旅行

2010/2

美国佛罗里达　在迪士尼游玩

　　那年春节，拥有家人身份的我们理所当然地在美国的小家里独自过年。小朋友叫着要给我做好吃的，折腾了好几个小时，端上来一碗已经几乎没有汤汁的西红柿鸡蛋面，我叫着好吃乖乖吃完。真的没骗人，直到现在，我都觉得那是我吃过的最好吃的食物。我第一次没在家过年，却又好像第一次在家过年了。

　　原来结婚这么好，一个人真的可以成为另一个人对家的全部信念与期待。

　　在近乎蜜月的旅行里，我们去了纽约、费城、芝加哥、亚特兰大，但重头戏只有一个——奥兰多的迪士尼。我俩有一个每年去一个不同国家迪士尼的约定。迪士尼是我们故事的开始，迪士尼是我们的梦境。

　　在迪士尼，其实大家心里都清楚，自己只是在看一部 3D 立体电影，可无论年纪大小，每个人都愿意伸手想要拉住被风暴吞噬的唐老鸭、愿意伸手触摸游过来的美人鱼。当屏幕上飘散着宝石，旁边的大叔一脸无邪地

成为: 来处是何, 归处是哪

伸出手和儿子一起叫着:"给我给我!"

都是成年人了, 还是会因为史迪奇从胃里逃出来的巧克力左躲右躲, 仿佛下一秒就真的会伸进自己嘴里; 也有女生因为动画人物说"你可以做我女朋友吗?", 表现出一脸害羞, 配合着说道:"You are very very handsome.(你真帅。)"

在迪士尼, 每个人都愿意心甘情愿地丢掉所有成年人的智慧, 努力地在这个乐园里好好度过短暂却梦幻的一天, 好好地做一个孩子。

在这里, 我们愿意相信小狮子即使弱小, 只要鼓起勇气也能战胜恶势力, 愿意期待王子和公主会永远幸福地生活在一起。就像迪士尼入口处写的那句"Here you leave today and enter the world of yesterday, tomorrow and fantasy(在这里, 你离开了今天, 进入了昨天、明天和幻想的世界)", 这里什么都有, 只是没有残酷现实。

梦幻的一天过去, 烟花已经从城堡落下, 周围人潮拥挤, 我们忍不住停下脚步, 想多回头看它几眼。这里是梦, 是我们在一起时大家即使怀疑困惑, 还是充满赞许与祝福的那个部分, 就像讲到这里的故事一样, 浪漫又美好。

可所有美好的故事, 最怕的一个词, 就是"但是"。

就算再不想承认, 凡人如我们, 面对生活中许多无法逾越的现实问题, 终究不能再像结婚一般酷炫简单地解决。我试过用微信测算我俩的距离, 13350.6 公里, 可能还不止。

我常常不懂他因为考试成绩等级带来的焦虑, 常常在他已经痛苦得抓耳挠腮时依旧冷漠回应, 即使我的毕业考前的痛苦还没有遗忘, 即使我理

是我：你当人生不设限

解国外求学的压力只会有增无减。这道题我答过了好像就变得无所谓了，我在面对新的难题，我想。他也完全不能理解我对工作和租房的苦恼，无所知便无所谓。

争吵越来越多，12 个小时的时差，让一切的延时也都变得更加严重。

本想告诉他昨晚的梦是他突然出现在我身后的拥抱，告诉他我因为室友总是乱丢垃圾的苦恼，告诉他哪怕像我这样一个乐于社交的人，刚来北京也还是没有朋友，我很寂寞。一切的一切，全都因为时差和彼此的生活差异而无限延迟，没能说出口的话最后只变成一句："明天要早起，我先睡了。"

我还记得，在美国我们也会吵架，可只要我伸出脑袋，就像拿出了一件催眠武器，无论他多生气，也会情不自禁地伸出手；他也一样，只要翘起一边嘴角，拉着我的手祈求拥抱，我也无法做出拥抱之外的其他选择。

"今天我生气了，我要惩罚你，我不做饭了，点外卖吧，我埋单。"

这才是记忆中的我们。

只是情感的细节永远不能在第一时间传达给最想要给的人，一切变成习惯以后，就只剩错过。从一天打五个小时的电话还能恋恋不舍，到半年后每天能说上几句已经是了不得的沟通了。负负终究不会得正，日月累积的沟通缺失，让他甚至习惯像陌生人一样在朋友圈里了解我的生活，甚至相信朋友圈里的就是我生活的全部；我则握着手机想他到深夜却不知道如何开口。

到底为什么会变成这样？

是我们夸大了婚姻的魔力，以为婚姻可以解决一切，但在实现了结婚

成为：来处是何，归处是哪

的人生梦想后却终究无法统一彼此的人生吗？是因为我们总在奢求事事符合当下期待的完美伴侣，却忘记了彼此相遇时的初心吗？

我们对彼此诚实，相互了解，但又对自己的包容度过于自信。

当初的他喜欢我的勇敢自由，如今的他想要"贤妻"能陪伴身边，想要我的妥协与温柔。

我因为他如同孩子一般单纯而热烈的情感而心动，却在婚后抱怨他不够成熟稳重，给不了我建议与支持。

又或许就是因为简简单单的"距离"两个字，争吵都难，只能慢慢消磨彼此。

其实我们都没变，只是想要的变多了？

我到现在都不清楚可以盖章确认的正确答案是什么，但我更愿意把这一切归咎于自己头上。

毕竟，我其实是答应过给他一个稳定未来的。

在亚特兰大机场分别的那天，我们说好要为了不再担忧分别而做努力做选择。一年后，我在北京独自奋斗的尝鲜期一过，就去美国寻找另一种人生可能性，可当我收到《奇葩说》邀请的那一刻，我动摇了、放弃了、反悔了。

我的自私、我的不安，让我终于无法妥协于另一人的生命。

婚后短短半年时间，我们的故事结束得平淡，甚至有些无话可说，可也许这才是一段感情结束时真正的样貌。

我渴望热烈，渴望吵架到世界爆炸后再紧紧拥抱着不肯放开彼此，然后再也不用为这个问题忧愁；他却希望用平静与独立思考解决所有。有时

是我：你当人生不设限

这种差别让我感觉互补，可大多数时候却深感无助。顶着一颗无用的自尊心，希望能被看穿，却终究失败。我甚至不记得最后一次争吵的内容，只是在那次争吵过后，我们很久没有联系。等到再次联络，视频里，他点了支烟，我们的分开，也被提上了日程。

世界那么大，我永远不知道明天会遇到什么，但和他在一起时，他告诉我，他是我的家，我也深深相信，他是我回过头可以找到的地方，是那个可以陪我长大，带我走向远方的人。

但我的确忘记了：他还是个孩子，我也是。

我真的不想在 22 岁谈论爱情、谈论婚姻，不是后悔，而是人总是会在幸福时被冲昏头脑，不幸时才能冷静思考，多么残酷的现实。

刚和他开始异地时，我做了一个梦：在书桌前看书的我突然感觉到背后暖暖的温度，他从身后慢慢走来，然后猛地抱着我，问我有没有很想他。

我可以清楚地感觉到梦里背后每一寸皮肤都是他传来的温度，那是一种前所未有的安心与温暖，以至于醒来后的我怅然若失。

如果可以，我愿意一直做梦。

分开两年后，我们因为签证问题再次联络。他还在美国，我还在北京。

我半开玩笑地提起，在无数个被想念支配的日子，面对朋友圈的一条横线，拜托共同好友截图成为唯一能治愈我的良药。他爽快地开放了朋友圈，嘱咐我不要干截图傻事的同时补上了一句："看星座运程的时候，我也总想看看狮子座最近过得怎么样。"

我也开放了自己的朋友圈。

079

成为：来处是何，归处是哪

从最近的照片看起来，他好像是"长大"了。蓄起了胡子不说，身材也壮硕了不少，锁骨上结婚纪念日的文身被一只巨大的鲸鱼盖了起来。我说这图案看着真是突兀，他笑着和我说遮盖完整的功能性更重要。

"我很庆幸你当时没文，不用再受罪了。"

我说我又要去独自旅行了，去巴西。他回道："要注意安全啊，不要再因为害怕护照被偷，就往鞋子里塞了。"

我没回他。从柜子里掏出那本封皮已经被磨得不像样的护照，像突然发现自己的记忆也被故事的另一个主人好好保存着，突然哭了出来。回过神看聊天页面，他发来了后一句。

"我知道你哭了，别哭了。"

"我也想你。"

是我：你当人生不设限

一只，两只，四只

我从小喜欢狗，却没有什么冠冕堂皇的理由来解释我家狗子的到来。

说白了，初到北京，推开空荡简陋的出租房大门，我就意识到需要一个活物来陪伴寂寞的自己。说来也巧，第二天，两只还在流浪的小肉球就适时出现。即使一身黄色绒毛被落叶藏起，由于好奇抬头还是让它们露出了黑亮的眼珠。

用不了多久的相处我就发现，它们中的一只活泼调皮，总是像只小兔子一样满屋跳来跑去，即使时常因为看不清路撞向床柜桌椅，也不能阻碍自己的好动天性；另一只则胆小至极，永远瑟瑟发抖的它，不敢用眼睛直视任何一个人类，只能用尾巴敲出极高频率的规律振动来证明自己的存在。它们像极了一对性格差异巨大的儿女。

成为： 来处是何，归处是哪

不是没有想过一个"单亲妈妈"住着合租房养两只狗的生活成本，只是当我把它们抱在怀里，切实地感受到它们透过毛茸外皮传来的温度，就像遇到了一个极其心动的人，无论如何，都不愿意撒手了。本着缺啥补啥的起名原则，我怀着一腔母爱，给它们起名叫"大胆"和"机智"。我呢，也就自然变成了"大胆机智的妈妈"本人了。

那时，被我称为"家"的住处，是一间五环外的三家合租的隔断房，同屋同檐的邻居们，选择用恰到好处的冷漠距离保持彼此的尊严和体面。住了三个月，我们仍不知道彼此的名字，只在水电用尽时维持着基本的分摊义务，也在公共区域被弄脏时追究着彼此的责任。对待这样的邻里关系，我有些失落，但也算不上在乎。毕竟在我心里，有这两只小狗在的那个房间，才更像家。有人拥有一盏永远亮着的等他回家的灯，我拥有的是两个听到我的脚步就恨不得撞门出来迎接的小生命。

我开始学着当一个好"妈妈"。买进口天然狗粮、进口狗窝，一字一句地向宠物医生询问养育幼犬的各项知识，总觉得自己这么一个没有家的人，如果能给别人一个家，也是很好的。宠物医生嘲笑我，比生孩子的妈妈还夸张。我只能尴尬地笑笑，不是害羞，而是因为就在购买上千块的物件之前，我还在因为赶上了晚高峰，挤不进地铁又打不起车，只好拉着朋友在寒风瑟瑟的二月的北京路边蹲着等网约车降价，还因为等到了十块钱溢价的结束而击掌欢呼。

"贫穷的二十多岁。"

但我们最初相处的那段日子其实不算愉快。

偶像剧里时常有这样一个镜头：清晨的阳光洒进纯白色的房间，女主

是我：你当人生不设限

2016/3

北京　刚到我家一个月的机智和大胆

角慵懒地转过头，看着爱人温柔的笑眼，短暂亲昵后滑下床，踮脚旋转着拉开窗帘，开始新的一天。在我家，西向房间从来都没有迎接清晨阳光的资格，但在每一个我睁开眼的瞬间，原本紧贴在我脸上、等待已久的毛茸茸屁股总能精确而敏捷地转换姿势。口水进攻是初步唤醒，高空弹起后再落下就更像是起床的最后通牒。

每天回家，我都能见证一次世界大战的爆发，满地被撕扯过的纸巾是常态，撒满房间边角的狗粮也不新鲜，咬坏的裤子拖鞋算是创新，家具大移位一个月也能碰上一两次。打不听骂不理，我也只能转攻为守，为了让床上不再出现狗子们的排泄物，干脆在每天出门前把床垫抬起靠墙，回家后再放下，重新铺床整理。

成为：来处是何，归处是哪

三天两头地折腾，每一处被啃坏的家具都在宣告我的钱包破产，再加上比我的饭钱还贵的羊奶粉和狗粮、昂贵的看病费用，这一切都让无法再随时背包出走的我无数次地思考带它们回家到底是不是一个错误决定。

直到有天半夜，我突然听到狗子的哼唧声。蜷在窝里的大胆闭着眼，不停地哼唧踢腿，身体还不时地颤抖，好像做了噩梦，表情显得很痛苦。"大胆？大胆？"我轻声叫它，不知道重复了多少次，它突然惊醒，和我对视的瞬间，疯了一样冲向我的床，上床的瞬间，猛地抱住我的手掌，然后瞬间倒下，继续睡过去，安稳多了。机智跟着跑过来，头贴着我的手臂一直蹭，调整到了满意的姿势也昏昏睡去。

原来它们需要我，它们爱我。

从那天起，进口狗窝什么的，再也没用过了。

有一次，我不小心踩到大胆的脚，它痛得尖叫，未来的几天，走路都变得有些一瘸一拐。我极其心疼，整天抱着它又揉脚又喂奶。紧跟着，不知从什么时候开始，机智也变得有点走路瘸腿，我还在反思自己到底什么时候踩了它还不知道，却发现它大概是忘记了前一天的剧本，瘸着的腿换成了另外一只，我盯着它又好气又好笑，它也仿佛被戳穿谎言的小孩，尴尬得快要忘记怎么走路才对。

面对突然高烧倒在家里的我，两只狗子仿佛察觉出了我的异常，不再吵闹蹦跳，只是窝在我身边，一遍遍地舔我的身体和脸。大概在它们看来，这是能帮助我缓解不适的最佳方法。

它们什么都懂。

是我：你当人生不设限

　　再也没有独自吃饭的孤独。只要外卖送到，四脚兽们就能迅速学会直立行走，几番旋转，再乖巧坐下。不懂分享是罪过，不需要它们开口，只要面对着它们直勾勾的眼神，我就能理解这个道理。大家一人一口，谁都不耽误。

　　带狗出门，出租司机总是拒载，房东也大多不愿意接纳有宠物的房客，生活花费成倍增加。我向朋友抱怨，朋友却说："如果没有它们，或许你在北京撑不下来吧。"

　　因为需要陪伴，我带它们回了家，希望它们能填补我在八小时工作后的闲暇时间。狗子们才不管这些，只要有人能给它们一个家，它们就愿意用小脑袋去尽力思考对方的喜怒哀乐。

　　去印度玩的时候，我把它们送到宠物店寄养了一个月，也时不时地和老板要视频看狗子们的状态。据宠物店老板说，最初的几天，它们几乎没吃下什么东西，然后开始一点点进食，一点点习惯在笼子里的生活，始终不变的，是在每个人进来的瞬间仔细辨认，是妈妈吗？妈妈终于来带我回家了吗？

　　我去接它们那天，狗子们斜着头看了我很久，却不敢相认，直到我越走越近，它们抽抽鼻子，用气味做了最后一次确认，才终于开始翻腾挣扎，想从笼子里出来，回到我的怀抱。

　　妈妈终于回来了！

　　回家的车上，我打开车窗，它们把头伸出窗户，开心又满足。人类因为对自己感情的克制而成为人类，狗却不需要克制。我离开一星期回来，狗子会激动地拥抱我；我离开一小时，狗子还是会同样激动地拥抱我。它

成为： 来处是何，归处是哪

们好像感受不到时间的流逝，不懂衰老和死亡，在它们短暂的生命里，时间仿佛只是漫长等待下无关紧要的记号。时间是当下，是陪伴我的每一秒，是我。用自己的全部生命去陪伴，好像就是狗子唯一懂得的事。

我对它们的爱，是无论它们刚拉完屎撒完尿，还是刚在土堆里蹭了一身土，只要它们冲向我，我都会张开怀抱。

它们对我的爱，是无论它们在睡觉吃饭拉屎撒尿，还是正在追逐美丽的小母狗，只要我叫它们，它们都会冲向我。

只是，当我终于接受了未来生活的可预见模样，意外出现了。

傍晚，一次再普通不过的遛弯后，这两个我一手拉扯大、还不满一岁的"孩子"，也不知道怎么的，就成功完成了第一次身体交配。脑袋空白了 30 秒的我，一边在心里咒骂了一万次不靠谱的宠物医生，他明明说过它们还小，不会进行这种成年狗之间的身体互动，一边着急地伸手试图将它们分开。结果不仅以失败告终，受到惊吓的它们更变换出了一种匪夷所思的姿势……这次事件教会了我很多：比如，狗的下体有倒钩，在交配结束前都无法拔出（真是一项高级的功能）；比如，土狗的繁殖能力很强，一次就能怀孕毫不奇怪（又是一项高级的功能）；比如，在接下来的日子里，我看着大胆的"胸"在两个月内完成了大约三个罩杯的跨越（还是一项……）；比如，我终于要面对帮狗接生的尴尬情况。

预约好的做超声检查的日子，我的"女儿"大胆像人一样环抱着我的脖子，带着一种对愚蠢人类的鄙视神情，不情不愿地被医生抱上了小推车。它肚子上的绒毛被剃得干干净净，涂上膏状物后，整只狗都显得战战兢兢，只知道死死盯住我在的方向。

是我：你当人生不设限

　　我摸摸它的头，看着屏幕里隐约出现的四只小狗的脊柱线条和模糊中跳动着的小心脏。这种感觉和我的幻想其实类似，终于有了属于我的新生命即将到来。医生说，预产期大约在一个月后，孩子们都很健康。

　　回家后，大胆像往常一样径直上了我的床，在被子上最舒服的那个位置躺下，我开始搅拌狗粮和罐头，准备给它们享用。

　　时间过去了十秒钟。

　　大胆的下体突然喷出了一大摊的透明液体，它大概也被吓到了，猛地一下从床上弹起，却发现随着它每一次移动身体，还是接连有水涌出。它更加慌张了，嗓子里呜咽着求救般的声音，呆呆地坐在原地，不敢多动一下。

　　直觉告诉我，没错，羊水破了。

　　刚从床上搬下混杂着血液和羊水的棉被，大胆的下体就涌出了一个透明黏稠的球状物。透过薄膜看，里面是一个黑色的、黏稠的、毫无美感可言的物体，与我对新生命的"预期"相差甚远，甚至有点恶心。宠物医生在电话那头指导，我深呼吸几口气，用手撕开了薄膜，那感觉像撕开一个片状的果冻晶体，很薄、黏糊糊的。

　　大概是生物本能，大胆凑过来用舌头舔起了薄膜，吃了进去。薄膜里的狗子露出了头、身体、粉嫩柔软的肉垫，毛还湿漉漉地贴在身上，鼓起的肚子像极了发福的中年男人。

　　我摸摸它的头，发现这个毛茸茸、胖乎乎，还带着暖意的身体不知道从什么时候已经停止了呼吸，只要放松支撑，它的头部和四肢就会迅速地瘫软下去，舌头也吐了出来。

087

成为: 来处是何，归处是哪

"用手揉搓它的身体，轻点，但别停，帮它吐出嘴里的羊水，可以做做心脏按压，尽你所能救它，别放弃！"

电话那头的宠物医生也显得有些着急。

我按照医生的说法，一遍一遍地抚摩它的身体，轻轻按下胸腔试着做心脏复苏，却觉得它的每一条肋骨都脆弱得好像随时会断裂。我亲亲它的头，摸摸它的手脚。

"活过来啊，看看我啊好不好，求你了求你了。"

大胆和机智静静地看着我，我知道它们在等我救活它们的孩子，可我也能清晰地感觉到那虚弱的生命正随着不断僵硬冷掉的身体逝去……

转头一看，第二个球状物出现了。我一只手捧着老大，另一只手开始帮助老二出生，手越来越抖，直到撕开胎膜的瞬间，老二像出生的婴儿那样发出了一声"啼哭"。

它活了，它活了！

可老大已经几乎全身冷掉，舌头软软地吐在嘴外。

然后是第三个、第四个。

一直守候在旁边的机智爸爸越来越发现自己帮不上忙，只能焦躁地走来走去，垂头丧气地用爪子拍着地板，时不时地去舔舔已经死去的老大。我笑它和天下等候在产房外的父亲一样，也像一个对新生儿无力抢救的大夫那样对它感到深深的抱歉。

近四个小时的时间，大胆终于生下了四个孩子。

等待，接生，确认"新生儿"是否存活，处理脐带，擦掉大胆下体流出的血水，一点点喂它红糖水让它保持体力。

是我：你当人生不设限

　　我这个太不专业的接生婆边哭边笑，已经无法直视自己沾满了各种"液体"的双手。同样的过程重复了四次，每次都还是心惊胆战。

　　刚出生的小狗睁不开眼睛，更不会走，只知道蹭着圆滚滚的身体，扑腾着四肢，嗷嗷叫着想靠近妈妈，抢先喝到第一口母乳。第一次做母亲的大胆显然也有些不知所措，只能用爪子拨拉着眼前的小东西，再用乞求帮助的眼神看着我，希望我能帮它把孩子带到身边。它一转头，目光落在了身体已经僵硬的老大那里。

　　我用身体挡住机智和大胆的视线，偷偷摸摸地捧起老大，溜出门。不知道是因为冷还是难过，我全程都在打哆嗦。十一月，凌晨一点的北京是真的冷，土都冻得僵硬。我跪着，手脚并用地在一棵树下挖了个小坑，时不时打开装着老大身体的盒子，摸摸它，再摸摸它，哪怕心里期待着奇迹，却也只能在手指每一次触碰到它冰冷的身体后迅速收回。

　　坑挖好，就是告别。明明只是匆匆一面，我却因为错过它的整个生命而深深地惋惜和抱歉。

　　快两点了，我跪在地上，眼泪几乎将土堆成泥，我一把把地将土轻轻撒上去，再一遍遍摸着那个小土堆，好像这是我能摸摸老大最后的机会，嘴里说着心里想的，都是对不起。

　　朋友说老大叫"希望"，我把白眼翻上天。

　　"你就是说希望死了呗？"

　　"不是啊，是希望永远活在我们心里，陪在我们身边。"

　　这么矫情且别扭的说法，在这个时刻，我接受了。

　　回到家，小狗们都已经睡着，大胆笑得开心，摸它的头，它也一如既

成为：来处是何，归处是哪

往地闭上眼睛享受，好像完全不知道自己已经失去了一个孩子，又或者它对战果还算满意。我看得出，它已经很累了。

我问它："棒棒的大胆妈妈，我们叫孩子'奥巴马''克林顿''撒切尔'好不好呀？"

它没说话，我就当它同意了。我就是觉得，这些名字听起来就很强壮，像能活很久的样子。

宠物医生说，刚出生的小狗，最重要的是每两个小时保证一次进食，有时候狗妈妈没注意，小狗爬远了，找不到奶嘴饿久了，体温过低冻僵了，各种情况都会发生，你一定要看好。

我说好，然后设置了凌晨四点、六点、八点，每两小时一次的闹钟。四点时间一到，我几乎是闭着眼睛爬下床，帮三只小狗找到妈妈的乳头，蹲在旁边听着它们咕叽咕叽的喝奶声结束，再无缝衔接地爬回床上继续睡。

六点的闹钟响起，我也像条件反射一样想去重复上面的动作，却突然看到了躺在稍远处的"克林顿"，四肢蜷缩，伸长着舌头，身体冰冷且坚硬，我瞬间从疲惫中惊醒，跑过去，带着僵硬冷战的恐惧。

短短两个小时的间隔，它也离开了，因为我一辈子都无法确切知道的原因。

出门埋葬了"克林顿"，把它和"希望"葬在一起。

天亮了，已经没有夜色能藏住我的悲伤和痛苦，不时有来往路人好奇地看看，但也不过是匆匆一瞥。

北京太适合一个人哭了，每个人都在自己的行程中匆匆赶路，根本分

是我：你当人生不设限

北京　一个月大的撒切尔　**2016/12**

2016/12
北京　一个月大的奥巴马

　　不出一丝注意力来辨别路人到底是痛哭还是微笑，又或者，大家都已经学会了不去打扰。你为什么哭，不重要；你的麻烦是什么，也不重要，至少没重要到那个程度。我们都经历过内心崩溃又重建的过程和那个意识到自己孤身一人，无能为力，却又不得不独自向前的时刻。

　　被子上的血迹已经被完全晒干，结成一片片硬块，又分割开，阳光还是很好，一切好像都改变了，又好像还是一如既往。我就像一个老人坐在轮椅上看着自己的子孙，突然想回顾过去，毕竟这一夜实在太过漫长。

　　这天过后，大胆变成了一个会不断用头给小狗盖上被子的妈妈。机智则自觉让出了属于自己的睡眠位置，趴在一边，只在每一次小狗发出声响后弹起，走过去舔舔小狗、闻闻大胆，确定一切安全后再回到刚刚的位置。我拿出大胆最爱吃的面包，它一口不吃却不停地问我再多要一块，然后用头顶着，努力地想把面包"藏"进窝里。听宠物医生说过这是怀孕后的"筑巢行为"，最好的东西总要留一些给孩子。

可是，所有第一次为人父母时会有的缺点，它们也都有。大胆时常忘记孩子的存在，小狗吃奶时它挠痒，后腿抬起，小狗就被踢出去老远。机智呢，总是会在与小狗对视的瞬间停下动作，陷入迷茫，再猛地用嘴叼起小狗的尾巴，满屋子疯跑，小狗叫得猛烈，它却终于心满意足。是我的孩子！活着！然后大摇大摆地走去吃喝，留下在远处地板上不知所措的小狗。

在之后的很长一段时间，我都会做同一个梦，梦里"希望"和"克林顿"的脸，一遍一遍地出现，伴随着它们从母体钻出的瞬间和被我放入土中的刹那，交叉重叠，我总想伸手将两幅画面拉扯分割，但当手出现在眼前，又会被手上滴落的血水黏液吓到发抖，只能大叫惊醒。亲手接生又亲手埋葬，我不知道如何逃脱残忍的梦境，只能更加努力地照顾身边的几个小生命。

刚出生的小狗不会自主排泄，需要妈妈不断地舔舐其下体来刺激引导，我家大胆却好像失去了"把屎把尿"的天性，我只能在小狗憋屈地嗷嗷叫后，用纸巾沾水来替代这一过程。同样，也会在每一个大胆不想"亲喂"的时刻，用水冲羊奶粉来代替"母乳"——水的温度要精准，过高没营养，过低冲不开，要摇匀液体，再用针管一点点给小狗喂进去，过程类似人类的混合喂养。至于如何区分是排泄欲望还是饥饿，只需要第一声轻哼，我就能知道。与其说我在试图做一个好"妈妈"，不如说这是我的精神救赎。毕竟我真的接受不了它们中的任何一个出现任何问题了。

它们那么小，身体的每一处都是柔软的，绒毛没有完全褪去，眼睛也还睁不开，甚至无法站立，每次笨拙地移动身体的样子，都让我想到在冰面上趴着匍匐前进的企鹅。它们是我的心头肉、手中宝，是让我第一次

是我：你当人生不设限

意识到生命的伟大的宝宝，是我愿意用一切代价让其茁壮成长的生物。不用学说话，不用好好学习，也不用考一百分，只要能健康长大，陪我养老就好。

我也总是刻意经过那棵埋了狗子的树，忍不住从"小坟包"上拿走些土，想让它们永远陪在我身边。

默默许了个愿，希望来年春天，那棵埋着"希望"和"克林顿"的树能够最快地冒出新芽茁壮成长，那样我也就能相信，这是个好地方，它们一点都不想我。只是我还是很想它们，当然很想它们。

没过多久，我又要搬家了，而北京不是一座适宜养狗的城市。

养狗就需要办理狗证。严格的办证标准、一户一狗的登记要求、无法满足狗子遛弯需求的绿化面积、大多拒绝养狗的租房条件，对北漂来说，条条都是拦路虎。何况我面对的不是一只狗，而是四只。

小狗的成长速度惊人，还不到五个月，奥巴马和撒切尔的身形体重就已经远远超过它们的父母。一米五的床，我一半，狗子们一半，头脚塞满，勉勉强强。一瓶酸奶打开，我喝一口，四只狗冲来，踩地顶头，十几

2017/7
北京　一岁半的机智和大胆，奥巴马和撒切尔已经去了新家

2017/4　北京　"四狗"全家福

秒就能舔个干净，抢食成功的狗子四处扑腾，失败的那个，就只能坐在原地，无力幽怨地盯着我，直到我从冰箱里再拿出一瓶酸奶。出门遛狗，狗子们朝向不同方向奔跑是常态，再加上一个犯懒喜欢坐在原地的撒切尔，我总像一个身不由己的牵线木偶被随意拉扯。单亲妈妈养四个孩子真的太累了，以同样的工资面对四倍的花销，我更是有些负担不起。当房东拒绝了我的续租要求，我终于承认，自己就像一个困难时期卖儿卖女的父母，不得已，要给两只小狗找新家了。

看上奥巴马的，是我当时公司的同事。

"我会当它是我祖宗一样伺候的。"是他抱走奥巴马前留下的最后一句话。单身男青年和单身小土狗，一起骑着新买的摩托去兜风，小土狗穿着狗用球鞋去足球场踢球。

领走撒切尔的，是我在公众领养平台找到的女生。她和我差不多大，北京本地人，外企人力资源经理，第一次见到撒切尔就抱着它的头又摸又闻，说是自己要回家考虑一下，但看她的样子我就知道，她和我一样，抱着狗子的一瞬，就没法撒手了。果然，不出一天，女生发来消息表示要给撒切尔一个家，我也欣然同意。

抱走狗子的那天，女生传来的第一段视频，是撒切尔在一个巨大的按摩浴缸里洗澡的样子，浴缸里飘着塑料鸭子、彩色浴球，还有两个工作人员负责搓澡按摩。我感觉自己给孩子找了个富贵人家，看到撒切尔在几十平方米的大客厅里啃玩具球的样子，就更加确认。

它天生就应该是公主，怕热挑食，被发现咬坏了我的口红，也不像其他狗子一样四处奔逃，而是抬起头任由我教育，眼珠都不转，一副"慷慨就义"的大气凛然。

　　我觉得它们都过上了好日子，哪怕狗子们的幸福没有这么肤浅，只是我总得给自己找些"抛弃孩子"的冠冕理由。我也没有再去看过两只小狗，怕它们认出我来，也怕它们不再认识我。更多的时候，我像一个因为"生活所迫"就送走自己"孩子"的父母一样，自责、惭愧。好的结果当然不能反推出动机的合理，只能在自我谴责中试图接纳自己。

2017/
北京　我只有一只狗了

成为：来处是何，归处是哪

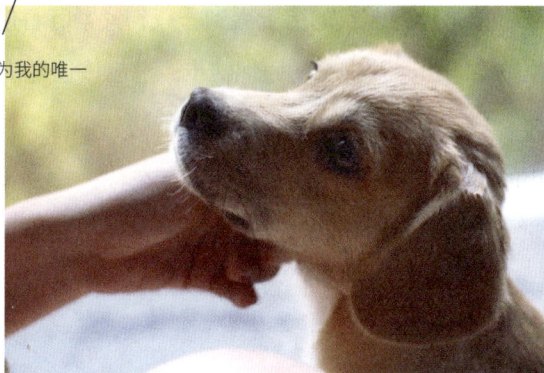

2017/

北京　机智成为我的唯一

可这事还没完，因为一户一狗的规定，乌鲁木齐变成了大胆的新家。

外婆用自己的羽绒服给大胆做围脖保暖，带大胆去诊所看病。甚至，可能是因为新疆不缺肉且外公外婆根本没有科学喂狗的概念，大胆到乌鲁木齐之后的三个月胖了两倍。积雪十厘米那天，大胆在雪里狂奔，不知道因为太胖还是太快，拍出的照片像是一个金色圆球。

我，只有一只狗了。

机智越来越黏人了。

大多数时间，它总是卧在房间角落，睡觉，舔爪子，四仰八叉吹着空调，享受着作为一只狗的安静愉悦，可当我眼神飘过，它又总能意识到我的目光，用深黑的瞳孔安静地盯着我。

潮湿的卫生间曾经是它最讨厌的地方，但现在，无论我是洗澡还是如厕，每隔五分钟它就要过来门口蹲着看看，确认我还在再慢慢离开，或者干脆趴下来围观全程，怎么都赶不走。

096

是我：你当人生不设限

要是你在北京的街上看到一只狗紧紧盯着便利店的大门，时不时地发出呜咽叫声，双脚交替原地踏步，那应该也是机智在等我没错。

只有在睡觉的时候，我俩都能短暂地享受独处，但它也总会被任何微小的声音惊醒，再快速确认我的存在。

我总是为此愧疚。

因为除了我之外，没人可以陪它了。

我只剩下一只狗了。

其实我还养过一只狗，一只小博美，因为起名时脑细胞枯竭，它便有了个简单粗暴的名字——"狗狗"。

它陪伴我从小学到初中，同吃同睡，甚至不常回家的母亲想在我睡觉时靠近，都会被它当作坏人赶走。

可到了第四年，一向健康的它不知怎么染上了严重的皮肤病，肚子上出现了一块逐渐扩散的溃烂。虽然这溃烂触目惊心，它还是每天跟着我跑跑跳跳，敞开肚皮让我揉，丝毫看不出痛苦。

治疗了几个月，病情没有变得严重，但也没有好转。时间久了，我看着它吐出舌头的笑脸，几乎忘记了它的病，它也还是像没得病时一样，每天陪伴着我。

直到有一次假期出去旅行，因为大雾航班延期，我比预计时间晚了一天才回到家。

"它还是没等到你啊！"

我的狗狗，留下了所有快乐的样子，撑到我原定回家的那天夜里，终究还是没能等到我。

成为：来处是何，归处是哪

二婚少女○

很多"算命大师"说，我这辈子会结两次婚。迷信如我，对此深信不疑。只是没想到，两次结婚名额，在我 24 岁这一年就用完了。

第一次结婚，是童话，短暂美好的那种，迅速、冲动、浪漫、任性、可爱、毫无杂念。

婚姻对于那时的我来说，是一件如同吃饭喝水一样自然且平常的事。我们相爱时拥抱，我们相爱时接吻，我们相爱时结婚，什么犹豫考虑都滚一边去。只是，我们期待永恒却不知道如何达成，只能相信瞬间即永恒；渴望陪伴却不知道如何靠近，只能渐行渐远。好在，美好大于痛苦，所以没后悔。毕竟，至今我都想不出任何一种比婚姻还强烈直接的方式，来表达彼此的爱与占有。

098

是我：你当人生不设限

　　第二次结婚，是现实，也是最俗气的那种——奉子成婚。因为有十岁的年龄差，我暂且称呼他为老林。

　　认识老林是在 2018 年。那年年初，我花光了所有积蓄在南美待了快两个月，日日喝酒跳舞，自由散漫。如果人生是一条在平静和波浪中不断起伏的曲线，那时我的自由一定到达了最高峰，反而渴望起了一种买菜做饭，如蜂蜜水般的平淡生活，也许是物极必反。有一档电台节目想猎奇这段经历，请我分享，我却夹带私货地在节目末尾发出了征友启事，"身高 175 厘米以上，人在北京，不瘦，戴眼镜，喜欢狗，能和狗睡一张床"，期许心诚则灵。

　　老林是第一位应邀的网友。

　　"直男，北京人，179.5 厘米，84 年，戴眼镜，有些肌肉不瘦，78 公斤，皮肤偏白，有正经工作，喜欢动物，午安。"

　　按照我在节目中罗列的标准，他从身高年龄职业家庭住址等各方面详细且朴素地介绍了自己的基本情况。我俩没说几句就加了微信，他的话多且密，频繁的沟通问候显然让一切后来者没有插队的空间。也不知是不是因为担心每天的问候让进展落入俗套，等网友见面那天，他冒出奇招——街头偶遇，网友接头。

　　从巴西回国前，我和中介打着视频电话签下了一套两居室。价格不便宜，但胜在地理位置优越，步行十分钟就能踏入三里屯的繁华世界。那时，我最大的困扰是机智总爱当当正正地在优衣库大楼门口、三里屯最繁华的路口拉一泡屎。好在路人的香水也总过载，快速捡起，味道一中和，就当无事发生。

成为: 来处是何，归处是哪

老林六点下班，我发送了暗号。

"今晚我会在团结湖到农展馆两个地铁站中间的区域遛狗。"

没有出发时间，没有具体位置，但好在这两站之间路线笔直，偶遇时间决定一切。我晚八点出门，15 分钟后，老林沉不住气发来消息"三环上别说狗，连人都不多，你真的在这附近吗"，我没回，再抬头，对面的人问我"你就是赵大晴吧"。庆幸，故事的开始不算俗套。

那时我还没有入职上班，每天下午阳光最好的时间，我出门遛狗，回家后，继续倒在阳台的沙发上晒太阳。老林说自己也算命，算命的说，自己最后会娶个待在家的老婆，大概就是每天晒太阳的这种。我立刻反驳，我可是个独立女性。等他下班，我家小区门口的小卖部变成据点，他每天到了准时打卡，买两瓶饮料等我带狗下楼。看店的大爷卖得开心，看得也开心。

从刚认识起，我们的相处模式就好像注定是黏腻的，没干什么正经事，也没什么大浪漫，就是说话，没完没了地说话。翻翻相册，过了零点还坐在马路牙子上聊天的我们总是照片的主人公，让人心疼的是大夏天趴在水泥地上静静等待的狗。

我们聊汽车发动机的几种区别，聊包裹头巾对现代女性的束缚，看微博热搜的明星八卦，也站在三里屯广场对路人评头论足。我总是抱怨在一起后失去自由，但虚度时光的快乐，我同样是第一次感受到。

第一次一起旅行是去中国香港，我们从中环的天星码头一路走回铜锣湾酒店。不记得无人街道的凉风美景，只是刚认识一个月的两个人，居然认真完成了一套所谓"结婚前必问的十五道问题"，就连旅行，也不过

是我：你当人生不设限

是换个地方不停讲话，我曾经最鄙视的那种不够沉浸的换个地方过同样生活的旅行出现了。回程降落北京的那一天，又是半夜，我甚至被机场高速路两边闪过的灯光和他念叨点什么外卖的样子打动，忍不住凑过去蹭蹭脑袋，突然觉得，有人一起回家，就值得放弃我的出行自由。

周末睡懒觉，被隔壁装修的电钻声吵醒，他抱着我躺在床上打趣："你说我们像不像外面战火纷飞，却还躲在家里过自己小日子的乱世情侣？"说来奇怪，听完这句，只觉得无比安心，电钻声没有丝毫减弱，我却安心睡去。平淡、安心、安稳、深入，我甚至没法从相处中提取什么重要情节，镜头叠加，也不过是打打闹闹。无论是在夜店热吻被拍下，还是因为一瓶饮料吵架时被朋友录像，我们的相恋好像从不会被定义成温情浪漫，但我也没在这重复的日子里感到无聊。

我们维持着几乎一月一次的旅行频率，只当是平淡生活的趣味调剂。当然，吵架的时刻则代表了所有的"惊心动魄"，摔过门，砸过手机，举过剪刀，没完没了地闹过分手，又总是莫名其妙地拥抱和好。毕竟，就算闹脾气吵架还是会脱掉外套盖在我身上再继续吵的还是他。

纠结、反复、琐碎日常。就在这八点档陷入剧情循环时，我怀孕了。

大概是一种奇怪的身体反应，明明距离下一次"姨妈"来的日子还有些遥远，自己都忍不住嘲笑自己的神经过敏，验孕棒的两条红杠，却清晰得不容一丝质疑。朝阳医院的超声检查显示，怀孕五周。

面对的也无非是"你爱我还是爱孩子"的千古难题。

"你爱不爱我？"

成为： 来处是何，归处是哪

"你有多爱我？"

我拉着老林问了一万次，无论是"我爱你爱得愿意每天给你暖脚"的朴素回答，还是"特别爱你，爱你爱到想和你一辈子在一起"的虚无浪漫，都不能让我满意。无数次质疑，婚姻到底是不是只为保住孩子的形式外壳，自己是不是又陷入了人类为了繁衍后代而编造的情感陷阱，任由对方解释无数次，我还是疑惑重重。

"孩子都有了还结什么婚啊！"

说出这句"渣男"经典语录的我，大概是不能接受任何一丝"婚姻污点"的。我一个追求热烈浪漫的人，怎么会允许自己沦落到如此境地？

直到有一天，前一秒还在和朋友说笑的我，因为怀孕后的缺氧，突然在大街上失去了意识，浑身瘫软倒下，几秒后被人"叫醒"时，我看到老林紧紧地抱着我。只是因为看到他眼神里害怕失去的恐慌，我的心态倒有了点不同。想起朋友说过，北漂后自己从不敢喝醉，因为实在不确定烂醉的自己会不会被人遗忘甚至丢下，更别说安全送回家了，直到认识了一个人，终于可以放心喝醉了。

那天我想，去他的"孩子妈"还是"老婆"。

我之前总认为，婚姻等于爱情，至高无上，纯洁得不容任何东西玷污，孩子也不行。

但现在想来，我们最终想要的，是爱吗？是婚姻吗？恐怕都不是。我们最终想要的，是快乐和幸福才对，爱和婚姻只不过是达成最终目的的手段或者途径，而不是终点。

在追求快乐和幸福的路上，可能有婚姻，有爱，有孩子，有经济条

是我：你当人生不设限

件，有现实因素，还有其他很多很多，所有的价值都是一样的，没有什么高低不同。

朝阳区民政局的人很多，哪怕工作日一早也需要提前预约，再排队叫号。我试图仔细观察判断身边的每一对是结婚还是离婚，却发现他们多是情绪稳定、毫无波澜，甚至有"新郎"在等待叫号的时间全程用电脑回工作邮件，"新娘"在一旁玩手机，看起来也并不在意。工作人员面对来往人群，说起恭喜时甚至都懒得提下嘴角。

发朋友圈吐槽，朋友留言说："毕竟结婚和离婚都是一件沉重的事。"

我回复："明明都应该是开心的事。"

朋友说我怎么再婚了还毫无长进，我听着还有点开心。

刚结婚不到一个月，我们又吵大架了。

大半夜，我套上外套就想离家出走，硬是被整个人连拖带抱地扯回了家，他一边扯还一边吼我说："这是家啊，我俩的家啊，你怎么可以说走就走！"

回到家，像过去无数个夜晚一样，床头柜上是老林气鼓鼓、重重地放上的一杯温开水。吵架的夜晚也变成普普通通在一起的夜晚。这杯水和夜晚一样重复了无数次，好像也还会继续重复下去。

其实，我现在还是根本说不出人类一定要结婚的理由，但自由成性的我拥有了一扇不能说走就走的门、一杯永远摆好的温开水，可能这些就是结婚的意义。

成为： 来处是何，归处是哪

爱情小记

我从不，也没法否认，我确实拼命地爱过谁，他是傻瓜我也爱。同样地，当我变成了感情中的傻瓜，也总是有人愿意没头没脑地爱着我。你一定多少知道了我的感情经历，我还真是挺早熟的。

当别的小姑娘还搞不清为什么要分男女两个厕所时，我就已经懂得闭上眼睛、噘起嘴唇的姿势约等于说出一句"快亲我"，也居然有个小男孩看懂了，凑上来就亲了我一下。睁开眼看看周围，意外围观的邻座小女孩大叫："老师！他咬人！"当然，我也时常质疑这段经历到底来源于生活还是梦境，记忆告诉我，那个男生的名字叫"马皮皮"，这名字怎么想都像是深夜睡梦拼凑出的奇怪组合。

虚幻网恋也有。那时，最流行的游戏是"泡泡堂"，面对强劲对手，

是我：你当人生不设限

我们英雄相惜一般添加了 QQ 保持联系。我在新疆，他住江苏。六岁的年龄差在那时的我的眼中已是恋爱鸿沟，撒个小谎抹掉三岁，算是搭配得当。他写信、画画、在雷雨天气打电话讲故事哄我睡觉，因为同学对我的评价和别人打架。我们好像从没想过见面，却从不耽误在线联络。直到我再也圆不下谎只能道歉逃跑，他却一副真爱模样地出奇宽容。做错事的我没法如此坦荡，只能迅速拉黑所有的联系方式，从此在他的网络世界消失。后来偷偷去看他的 QQ 空间，像是度过了半年的消沉难过。

"沉默着那个承诺，等待天地的复活。"

这是他写给我的小诗中的一句，从确定"网恋关系"的那天起，一直挂在 QQ 空间的介绍里，我猜半年后终于撤下的那天，他已经彻底恢复。

愧疚是真的，却不曾理解这种投入和用心。喜欢是什么我都不懂，更不用说上升到用心、付出、爱这些高级感情词语了。所谓感情生活，无非是在小打小闹中给生活找点乐子，就连其中的伤心痛苦，都像是生活调剂罢了。对于那时的我来说，因为爱情里有心动，所以如果我对一个男孩心动，那我对这个男孩，就是爱情。

等长大了，我好像又学会了新的恋爱套路。

习惯在初次约会时邂逅赴约，穿一件沾满狗毛的纯黑卫衣也不觉丢人，但要是有第二次见面，我必定会拿出最好状态，细致打扮，只求让他一眼惊艳。可谓是欲扬先抑在约会领域的实际运用。

我也学会了用花费金钱多少来判断自己在感情中的投入程度，愿意为对方花费超过 500 块钱，再来谈什么深入。翻译总结一下，大概是找个机会问问自己，真的愿意付出了吗？愿意损害自己的利益去让对方开心吗？

成为：来处是何，归处是哪

这种方法虽肤浅却好用。

听过一个很有趣的理论，大概是说现代人的恋爱就像在线切歌。网络电台凭借我们过去的听歌数据推荐下一首歌，真实生活根据我们的生活轨迹匹配遇见下一个人，听歌也好约会也罢，我们总是带着一种神明般的傲慢，切换快进。有歌撑不过前奏，有人熬不过初见。手滑点错不要紧，有生之年我们是听不尽网络曲库的；错过一个人也不要紧，毕竟森林广大。可不知道为什么，网络曲库明明放置了"上一曲"的按钮，却总是无法实际使用，只能切歌，无法重听，只能向前，不能回头，等再次经过一个循环。做决定的机会也有，只是也不知在何时何地。人也一样，等终于明白珍惜，轻轻滑过的人与事，也早已不知去向。

当然，说什么不经世事年龄尚小都是借口，不过是不够投入时才会拿来骗人骗己的谎话罢了。

我喜欢过一个酒吧店长，从见第一面就喜欢，喜欢到恨不得每天跑一遍城市对角线只为了买杯酒，在吧台看看他就觉得心满意足。等关系逐渐变得亲密——也不过只是升级成为能进入吧台的身份，只是看着他忙碌的背影，我也觉得幸福且知足。

他生日的那天，我刚巧出差，从天津坐高铁赶回北京，捧着一块临时买来的寿桃糕点，现学了一句天津话的生日快乐，一路奔跑，只想在零点前送上祝福。第二天，他发来的语音变成愤怒又委屈的女人声音："我是他女朋友，你以后别找他了行不行？""被小三"的俗套剧情居然发生在自己身上。

想要报复的愤怒上头，我带着几个男性朋友，想去来一次人店两亡的破坏活动。朋友甚至提前备好了方便逃跑的鞋子和防水外套。只是吃完"行动前餐"从餐厅出来，迎面走来一个穿着白色跨栏背心的北京大爷，擦肩而过的瞬间，大爷停住脚步，用不大不小的声音没来由地念叨一句："人啊就得好好活着，不好好活着就会有灾。"

好像被砸碎的酒柜变成冰凉河水从背后浇来，行动取消，怨恨消除。

你看，别人对不起自己的故事总是能清晰简单地说出，自己对不起别人的事，总是要经过很久才能感受。人类的感情无非"贱循环"。在受伤与被爱之间来回折腾，在伤害与付出之中不断徘徊，故事的时间地点人物换了一圈，爱与被爱的总量总是恒定。

和比自己年长的人谈恋爱很有意思，他们总是能轻易地站在你不曾到达的路口回头审视。事实上，我的大多数男友都有更长的年龄，他们从我这儿回顾青春，我总想透过他们预知未来。

我曾经背着年长 12 岁的现任男友和上一任联系，没什么暧昧话语，只是简单问候，但也自觉心虚。他显然看出了问题，但不说，不生气，反倒带我去窗口，从背后抱住我，一句无论你说什么我都相信你，就能诈出我所有的诚实。

没和人讲过，我的电脑硬盘深处藏着个加密的隐藏文件夹，按人名分类，合照、聊天记录，通通封存在这里。没错，哪怕是愤怒分手，我也会用最后一丝理智，耗费一整个下午，截图恋爱记录、存档保存。不是奇怪的收藏癖好，只是爱情对我来说太重要了。

有很长一段时间，我都将爱情视为最高等级的感情。毕竟亲情无法选择，友情没有唯一，只有爱情，带着它既有的"道德枷锁"形成了一种排他的独一无二的情感模式。我总是理智气壮地觉得，只有被这种"唯一""高级"的感情认可了，才是对我整个人的肯定。毕竟我连减肥都是因为被爱情拒之门外。那时候的我，用爱情定义自己，用爱情证明自己的价值。只是，当"爱情"来得越来越轻易，人类的自以为是出现了。

我变成了爱情的标准。

他是我大一时交的男朋友，旅游时在上海认识的，然后开始了一段上海和广东的异地恋。

有一次聊天，我说到自己特别想吃在上海吃过的五芳斋粽子，特别是板栗肉粽，他第二天就坐动车跑到这种粽子的"发源地"浙江嘉兴，买了一堆各种口味的粽子，再回到上海，坐飞机连人带粽子到了我的面前。

早上起床洗澡前，我满意地看了眼冰箱，还剩一个我最爱的板栗肉粽，脑海里满满的都是等下吃粽子的幸福表情。可当我洗完澡，再打开冰箱，我最爱的粽子消失了！粽子皮躺在垃圾桶，上面甚至还带着板栗渣，我问男朋友是不是他吃掉了最后一个板栗肉粽，他嘴上的油都没抹掉，就摇头否认。我们分手了。

和朋友讲起时我总绘声绘色，号称这是一场"小事见真情"的人性考验，并试图用饥荒年代的最后一口饭来类比。可我连自己都说服不了。不过就是一个自以为是的年轻姑娘犯浑而已，承认就好。

随着年龄越来越大，身边关于爱情无用的声音也越来越多，好像一切花在爱情上的心思和时间都是错付，事业和金钱才应是最终追求。随机却不易得，大约这才是爱情的真相。

只是当我终于和爱情达成了统一，也有更多其他的感情赚到了我的笑容和眼泪。

2020 年的情人节，我这个第二次结婚的少女，赶上了新冠肺炎疫情严重的时候。一早起床发现，北京下了特别大的雪，可能因为温度在零上，落在地上都是泥点，一点都不浪漫不好看。我呢，被封闭在小区里，大概率又会度过蓬头垢面的一天，别说化妆，洗个头都懒。

之前的情人节当然不是这样的，要打扮，要定餐厅，要收到包装精美的礼物，要有 1314520 的转账记录，有仪式感的感动才叫爱。更何况朋友圈里的大战，从前一天的午夜零点就已经打响。这一年呢，可能是因为大家都憋在家里，没有了充满虚荣心的炫耀比较，反而知道到底什么最戳自己的心窝。谁做的家务多，谁看孩子的时间多，谁愿意每天出门拿快递、买菜，谁愿意把好吃的都留给对方，甚至谁愿意让出每天第一个马桶位，都是。

爱情终于变成了一件特别具体朴素的事。

成为母亲○

我讨厌小孩，至少曾经讨厌。

当我在大脑搜索栏中输入小孩这一词组，关联词条中蹦出的内容几乎不会对生活产生任何正面的影响。

肮脏、吵闹、自私，诸如此类。

使人类可爱的是教育而不是天性，我坚持这么想。

我也拒绝在任何生理卫生课上观看与生殖相关的影片或者图片，那种伴随着喘气和嘶吼的、大汗淋漓下的、动物一般的丑陋面庞，比血液或伤口更让我感觉不适。影片末尾，镜头总是会突然切换到一个又白又黏的生物，背景音乐转向温馨，故事结束，好像之前的一切痛苦从没发生，好像之后的一切都不再重要，我知道，这不是事实。

是我：你当人生不设限

人不会关心和自己毫无关联的事物，和母亲的恶劣关系更让我对亲子感情充满了负面情绪。那时的我坚信，生育的一切都和我无关。甚至和数位朋友进行约定，如果我违背誓言，就交出财产，甲方乙方手印盖章，写得齐全。所以，当我发现自己被验孕棒上轻描淡写的两条红色横杠宣判成为一名所谓的母亲，我甚至对未来的生活失去了想象，只能拼命回顾过去，试图从生命里找到一些命中注定和理所当然。认命，总是最快捷的自我疗愈。

一切被归入一个月之前的一次许愿。那时我深陷于错误工作的泥沼，既不知道离开后的方向，也对坚持下去充满怀疑。带着所有的焦虑，我和当时的男朋友现在的孩子爸老林，去了传说中北京最灵许愿地——八大处，希望能得到一些指引。我深知，许愿越模糊越容易实现，就像算命大师越说得模糊越能体现自己的预测准确。于是，希望能拥有一个永远的、完全属于自己的东西，就成了我向每一位神灵鞠躬诵读的内容。

决定留下孩子的那天我想，又有什么比孩子、比血缘更永恒的呢？认命。

其实，走进朝阳医院的那天我依旧心怀侥幸，刻意搜索了不少验孕棒判断失误的案例，等待被医生宣判这只是一场乌龙。可超声检查结束，白纸上显示的黑色小葫芦确定出现，医生掏出了一张圆盘式的卡片，旋转对应，就有了一个我与它相见的日子，再把时间倒推，未来一年的生活就被规划得当。从那一刻起，和我随心所欲的生活一起失去的，是年月日这些再传统不过的计时方法，周，成为一切计算的衡量标准。

无知所以快乐。我迅速地将这只小葫芦的照片发给了身边所有朋友，

成为： 来处是何，归处是哪

并索求民间经验，这个葫芦背后所暗含的男女特征到底如何。孩子的爸爸老林，则显得没那么轻松。

现实地说，老林比我更需要或者更适合拥有一个孩子，36岁，北京人，有房有车，工作稳定，喜欢小孩。是成为父亲的合适人选，却没有成为父亲的决定权。如何能在表达自己意愿的同时又不显得对我有所压迫，是一门学问，也是他在很长时间里的忧愁。而要不要生下这个孩子，我们其实讨论了很久，理智层面来说，年龄、身体状况、经济水平、未来规划，似乎都指向了正面的答案，只缺最后一击。

晚饭后，我们将手机摆在桌面，打开视频拍摄留作证据，石头剪刀布，三局两胜，就算是最终决定，以后谁也别赖谁。人们说抛出硬币的瞬间，你就会知道自己对硬币方向的期待。而我只知道当结局已定，大家好像都挺开心。根据现代医学的精确推演，这个孩子出现在地球的时间大约是一个月之前，那时我们正在阿布扎比潇洒，叫阿扎显然不合适，布比就显得中性又可爱。

这不，小名有了，孩子更得生了。别人家的狗都是"狗"，只有你的狗叫"大黄"，规规矩矩讲出大名的人只是认识，能肆意喊出奇怪名头的才能谈得上交情。起了名就有了归属，别轻易起名。

我和老林在知道我怀孕后两个月领了结婚证，关于生育的最终协议也算最终达成了。

如果成为母亲是最终目标，怀孕就是一场帮你入戏的超长训练营。

像书上写的一样，第一关，是孕吐。任何重盐重油的食物只要距离我一米之内，就会导致我胃酸泛滥，四处寻找纸巾和卫生间。因为吃得本

是我：你当人生不设限

来就少，我甚至没有能力吐出任何食物，只有黏液、胃酸。两周的时间，十五斤消失，体重掉到了历史最低点。几经尝试，唯一的进食方法是去商场的食街楼层，挨家挨户地闻味感受，选择一家不吐的而不是爱吃的。通常来说，中餐是一定吃不得的，泰餐的酸辣味倒是可以做一次尝试。

等到食欲恢复，肚子还没隆起。我几乎忘记了怀孕这件事，但似乎身边所有人都拥有更好的记忆力。朋友们会在决定每一道菜时询问我的意见，在上下台阶时适时搀扶，甚至恨不得在电梯里围圈将我保护在其中。这还都是温柔烦恼，长辈们就更加不容拒绝了，每个人都能凭自己的经验来帮我划定危险区域。书籍带来了更可怕的压力，我们这代人终究没有脱离印刷品的魔咒，同样的内容，写在书上的就更加可信。但不知道是为了增加字数还是提高权威性，这些孕期书籍的方向似乎只有一个，就是尽可能地罗列危险。每一点细微的心理变化，夫妻间可能会出现的对话矛盾、穿衣打扮、进水进食全部都被规范在厚厚的册子里。写书的人看似公正，但总有偏向，中心原则只有一条：你不会想拿自己的孩子冒险吧。

没人想当恶父母，除非你根本没觉得自己是父母。我花了两百多块购买了三本怀孕图书，真正看进去的只有一句：母亲的情绪会对孩子造成很大影响。作者的本意大约是希望母亲情绪稳定，不要暴怒或因为怀孕琐事而焦虑悲伤。我和老林却根据自己的理解，涵盖了对未来可能无法自由旅行的恐惧，在我怀孕23周时，谋划了一次长达15天的美国西部自驾游。

一直到生产，我的肚子都比同孕期的孕妇小一圈。去美国时，就像有一个胎质饱满的扁圆形磁盘倒扣在我的肚子上，突出得精巧。随着怀孕周数的增加，我的皮肤也似乎越来越呈现一种陶瓷般的透亮，脸上是，身上

113

成为： 来处是何，归处是哪

也是，甚至一直困扰我的毛孔问题都不药而愈，我不清楚为什么，但显然为此开心。牛仔裤、紧身开衩连衣裙、皮衣，我带到美国的行李和怀孕前没有任何不同，甚至不需要买大一个码数。

所以，当刚开始行程的第一站，在圣何塞路边的早午餐店被两个外国男生搭讪时，我是骄傲开心的，也毫不意外，直到他开口说出，这是一次和朋友的赌约。他指了指远处的男生，我到底是胖还是怀孕，他们争执不休，好奇心驱使他一定要过来问，我陷入巨大的失落。

好在接下来的行程都算顺利，我们从圣何塞一路向南，洛杉矶、圣地亚哥，无论是不间断的行车，还是国家公园里的徒步行走，怀孕并没有让整个行程做出任何改变。洛杉矶有家著名的生蚝餐厅，本地的、法国的、日本的、新西兰的，就没有这里找不到的生蚝品种。吃到兴起，我和老林甚至举起了摄像机：怀孕有什么要求吗？妈妈开心最重要，好吃最重要。我在社交网络上谨慎且挑衅地分享着自己的怀孕日程，生怕给自己惹上什么麻烦。虽不关心育儿，但曾经的我也不止一次地看到孩子和养育者的互相伤害。一旦拥有养育者的身份，世界都会因此而监督你；你的孩子，既与你是战友同盟，也是你生活的裁判。一旦出错，堕入地狱。但为此真的要放弃自己的快乐吗？

行程的最后一站是拉斯维加斯，这座在沙漠中建起的梦幻之城充满了金钱和欲望。酒店、赌场、歌舞秀，我们还赶上了一年一度的公告牌颁奖礼。老林提出，想去沙漠里的靶场体验一把射击，我自然表示同意，我俩都彻底忘记了怀孕这件事。靶场的前台是一栋在沙漠中的简易木屋，从小到大的枪支摆满了柜台、挂满了墙壁，前台小哥梳着脏辫，指着台上的

是我：你当人生不设限

纸张向我们热情介绍各项套餐："按子弹数目计费，不同枪支的价格不同，我们有专业的老师做陪护，安全性完全可以放心。"

为了保证安全，避免走火误伤，真正的射击区域离接待区域很远，但还是能时不时听到远处传来的火力声音。每一声枪响，我总是条件反射般地捂住肚子，同意体验的协议，我终于没能签字。如果这算与生俱来的母性，在怀孕 25 周的这天，我第一次被母性"绑架"了。

在酒店躺下时已经将近十二点，窗帘拉好，仰天躺下，我突然感觉肚子里有根手指指向天，戳中肚皮再迅速滑落。不知是回应还是感谢，第一次胎动出现了。

从那天起，我重新捡回孕妇的身份，并诚恳踏入知识的海洋。这并不见得是一件好事。孕晚期的疼痛肿胀失眠便秘，生产过程的撕裂侧切产钳转剖，小时候看电视剧里关于大出血的恐惧终于浮上心头。所以，当我在怀孕 30 周时依旧选择进行一次临产前旅行——去泰国，更像是一次心理疏压活动。当时的我并没出现任何症状与身体困扰，红眼航班、夜市海鲜，哪怕肚子已经大到让人无法忽视（套上一件更大的 T 恤也还挡得住），我也并没有因此改变自己的行动方针。我坚持每周对肚子进行一次拍摄，并期待能毫无波澜地见到我肚子里这条小鱼，总是和我隔着鱼缸互动的这条调皮的小鱼。调皮可能说保守了，疯狂更合适。隔着肚皮，我见过她的手脚轮廓，甚至从后腰摸到过她的四肢，有时我待着无聊，只要伸手拍拍肚皮，她也总愿意和我过招。

对，我已经知道是她了。当医生用"漂亮""美丽"等"女性词汇"暗示我时，我并没有接收到这番好意。医生着急了，干脆举起桌上自己女

儿的照片说："你家这个，和我家的一样好看。"我崩溃大哭。

我不想要女儿。

这当然不是因为重男轻女的愚蠢思想，只是当性别一致，人生仿佛也开始交错重合，她的未来，我的过去。我不确认自己能否在崭新的生命上表现得更好，更不知道，我是否应该期待布比的人生中有我的影子。

35周，在我尝试了无数民间方法后，布比依旧以坐姿待在我的肚子里（正常情况下，此时胎儿应该已经头朝下进入备产状态）。我把这归结

是我：你当人生不设限

于布比的懒惰，产检过程中总有需要宝宝活动配合才能完成的项目，如超声检查和胎心监护。医院的护士几乎给我拿来了医院所有的棒棒糖，我一遍遍地上下楼梯，做出跪地狗爬或者躺地抬腿的奇怪姿势，她都无动于衷。凑巧也好，遗传也罢，当我还是个胎儿时，胎位不正经过外倒转手术才顺利生产也是我的故事。影子好像出现了，我想。

外倒转手术，说简单也简单。不需要开刀，只是让医生通过特定的手法，在孕妇肚皮外抓住胎儿，旋转至头朝下的正确位置，让胎儿习惯，再用绑带固定，继续等待生产。但危险同样存在，如果手术失败，胎心下降，紧急剖腹产就是唯一的出路。

赌一把呗。

手术室在医院的顶楼，铁门打开，我挺着肚子走进去，脚底用来粘掉毛发的强力胶布让步伐显得更加沉重缓慢。老林站在门口，一遍遍地说加油没事，我觉得他比我还紧张，不知道是怕出事还是怕当爸爸。我反复说，记得我出来的时候给我拍视频，挥手，录制了一个完美的进场。

进了房间，和我庞大的身躯比起来，那张手术床显得很单薄。爬上去侧卧，麻醉师嘱咐我千万别动。我在网上看过即将刺入我身体的钢针，几乎是一整个手掌的长度。针刺向脊柱，确保最大可能地减少我的疼痛。我带上氧气面罩，全身盖上绿布，只有肚子孤零零地露在外边。身旁的麻醉师和助理交代我不能睡觉，要保证清醒，有疼痛感可以加量，还有四五个医生围在我的腿边，有人监测心跳，有人关注超声，但我知道他们什么也做不了。主治医师姗姗来迟，用双手抚住我的肚皮，转动，不知道是不是因为麻药的效果，我甚至感受不到皮肤接触的温度。五分钟之后，手术宣告成功，为了防止布比再回到原位，我的肚皮上下被缠上绷带，带回病房。这个手术其实不常见，很多公立医院为保孕妇与胎儿的绝对安全甚至拒绝进行这项"治疗"，胎位不正的产妇，只能剖腹产。所以，对于我如此"轻松随意且迅速"的手术过程，医院上下传了个遍，所有医护人员见到我都说"你就是那个外倒转的吧"，果然是传统的外倒转。

他们告诉我，很快了，胎位转正，胎儿入盆，接下来，我们需要做的就是等待生产信号的到来，一切就可以结束了，我却开始不舍。

到今天我还常说，怀孕期间，特别是怀孕四到七个月的那段时间，是我整个人生最美好的日子。生理上，孕激素让我的内心总被一种莫名的满足和喜悦包裹，身体依旧轻盈，健步如飞，因为体内还有另一个生命的消耗，饮食也变得无所顾忌。那段时间，我和老林打着宝宝的名义去遍了北京的公园和有名的餐馆，一点都没胖，到生产当天，增重不过12斤，几乎可以忽略不计。而面对朋友对生活的抱怨，人生的焦虑，我也终于平淡应对，心想，反正我正做着这世上最伟大的事情。所以，当我听到一切就要结束了，脑海中产生不了任何解放或松懈的情绪，只觉得遗憾。

可说真的，孕晚期不好过。

因为重量压迫，我的小腿开始剧烈地肿胀，只要连续坐或站十五分钟，我就不得不躺回床上，去寻求重量的平均分配，但平躺又是要不得的，脊柱也承受不住巨大的肚子。我只能像一根待烤的香肠，左右翻转，从此失去了平静的白天和沉睡的黑夜。

医院也开始准备为我生产计划。选择私立医院生产的好处是，你几乎可以定制一切你想要的分娩行程。听歌、看电视、拍照、吃巧克力、自己

是我：你当人生不设限

剪断脐带或者穿美丽的衣服，都由你选择。我非常保守地选择了最基础的生育套餐——大多数决定由医生根据实际情况处置，只留下了拍摄一项。

老林常说我在按着教科书怀孕，什么时候孕吐，什么时候腰疼，甚至宫缩，都紧紧贴合预产期的规划。果然预产期前一天的傍晚，我第一次感受到了宫缩阵痛，肚皮连带着脏器，就像被一双无形的手当橡皮一样揉搓挤压，突然出现，瞬间消失，毫无规律可言。我趴在床上、桌上、马桶边、洗手台边，头冒冷汗，不敢轻举妄动，手按计时器，等待着某刻到达"511"（每五分钟一次，一次一分钟的疼痛）的生育标准，好让这段故事来个了结。但它偏偏不遂我愿，时长时短、忽强忽弱的疼痛整整持续了两天。

老林请假在家陪我，但能做的实在不多。牵手、拥抱、拍拍肩膀也拍拍视频，就是所有了。因为预产期临近国庆，我们的家又刚好在国庆限行路段，为省得麻烦，我们就在医院附近租了个房子。明明是想图安静，却误入了运动社区。我整晚睡不着，老林陪我出去遛弯儿。凌晨四点居然能

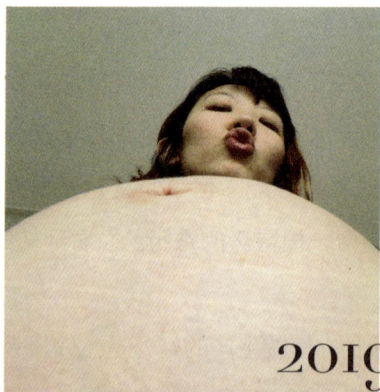

2019/9

北京　怀孕九个月，做外倒转手术前

成为：来处是何，归处是哪

看到装备全套的跑步爱好者，我看他们惊讶，他们看我也觉得奇怪。

等到我终于符合生产标准，已经是第三天的凌晨。外倒转手术对此时来说就像一场提前的演习，我熟悉医院整楼的布置，也不会为医生的查体行为感到讶异。我自然地分开双腿、放松，医生内检，已经开了三指，熟悉的手掌长的钢针扎上后背，我终于睡了个好觉，甚至还做了个梦。

梦里，我从路边捡回一条小鱼，鱼鳞金光透亮，特别好看。我家里有个鱼缸，但鱼缸里已经养了一条大鱼，我怕小鱼放进去被大鱼欺负，就一直把它揣在兜里，去哪儿都带着。带来带去，小鱼还是需要水，我只能把它放回鱼缸。可不知为什么，刚放进去，鱼缸消失了，里面的水和鱼也消失不见。我着急地四处找，怎么都找不到，一着急惊醒，羊水已经喷出一地，接下来的事就再也不由我控制。

产程很快。手术床两旁凭空出现两个脚蹬和扶手，助产士中气十足地发出指令："不浪费每一次宫缩！我们一个小时结束战斗！"她的声音出乎意料地浑厚，像是在身上藏了个喇叭，专门用来发出令人安心的嗓音。我也向老林发出指令："一个镜头都不能漏。"大家分工完成。我的肚子上早已经粘好测量宫缩的仪器，波形图上升，助产士吹响号角："来了！准备用力！"我攥紧拳头，憋足气，准备使劲。还是那大概一分钟的宫缩，意义却变得完全不同。

胎儿的头最大，出来也是最困难的，何况布比的头特别大。每次使劲，助产士都会向我汇报进度，我却感觉不到任何变化，估计着只是劝我坚持的计谋，想着想着就把"你骗人"说出了声，助产士也急了，拉着老林证明自己的诚实："爸爸来看看，就是头发都看见了吗？"老林连忙摇

是我：你当人生不设限

头，我抬头，看到助产士抬起的手，手套上沾满了黏糊糊的血。

我一次又一次地用力，然后等待。我终于意识到，生产是一件极靠直觉的事，身体抬高落下，向左向右倾斜，痛苦感受和用力程度都完全不同。直到我的身体就像一个刚刚拔掉塞子的水池，或者暴雨中顺风对开的窗子，布比终于像条小鱼从鱼缸里滑出，落地，连带着整缸泻出的水。老林想哭来着，眼泪都快掉出来了，助产士却眼疾手快地阻止了他，用交警常用的那种手掌伸平向前的停车手势，带着一手套的血水伸到了他的脸前："别激动！别影响孕妇的情绪！"老林就把眼泪憋了回去。

生产过程很顺利，总用时不过 40 分钟，没有侧切，产妇常见的撕裂也没在我身上发生。我的肚子扁下去，居然，突然，开始觉得孤单。我听到助产士感慨，这小孩头真大真硬，再要求护士记录查体结果"手指五个，脚趾五个，都全"。老林也坐在原地，只知道重复"生出来了没事了，生出来了没事了"。当然，还有布比的号啕大哭，仿佛受到了天大的委屈。

我只是平躺看天，对刚才发生的一切充满疑惑，这个小孩，是我的小鱼吗？一切处理干净，护士抱着布比来我怀里享用第一口初乳，然后为她的成功鼓掌叫好。我却只是多了丝迷茫，我不认识你啊。回头看老林拍的视频，从我入院开始，连上电梯的镜头都有，唯独丢掉了布比从我的身体钻出的那一刻。"我当时都蒙了。"老林说。

"你现在有当爸爸的感觉了吗？"我问他。他摇头。

"没感觉那你哭啥？"

"我这不是觉得，挺不容易的嘛。"

刚出生的婴儿全身都皱巴巴的，布比的皮肤白，连着皮肤上的绒毛和身体里透出的粉红，就像一只刚出生的小耗子。我没抱过她，甚至不敢碰她，生怕一用力，就会危及她的生命，只有当护士把她抱到我身边吃奶时，我才敢轻轻地浅浅地在她的皮肤上划拉几下。她倒是不见外，喝奶喝个没完，喝完就睡，一移开就哭。护士总说，这就是血浓于水。我心里不以为然，我养过刚出生的狗，所以我知道，你给她个手指头，她也嘬，放个热水瓶，她也抱。

孩子有了，当妈的感觉却没了。

之前我和老林开玩笑：如果有二胎，就叫"一比"，因为"布比"不知道，"一比"吓一跳。有了布比之后，反而没人再提这茬。

我们在医院附近租的房子是两居室，我和老林还有机智睡一间，布比和月嫂睡一间。月嫂怕狗，每次做好饭，探监一样摆在我的房门口，就立刻溜回自己的小屋。我呢，除了喂奶，也很少走进另一间房。井水不犯河水。偶尔没事过去走走，与其说是想孩子，不如说是想月嫂。

月嫂姓苏，河南人，因为前一任的失职，她临时作为救火队员来了我家。"我家洛阳的，就是洛阳牡丹的那个洛阳。"她说起家乡，总是骄傲自豪。

听月嫂说，她有两个儿子，二儿子是意外，生完老大半年就怀上了。那时查得严，她家里经济条件又不好，但终归舍不得打掉，就开始东躲西藏地过日子。结果怀孕还不到七个月，二儿子早产，出生时体重才两斤多点，手臂看着和成人的手指差不多。很多年前，小城市的医院还没保温箱一说，阿姨不甘心，就抱回去自己养，拿针管喂奶，自己缝合身的尿布，终于养活了。要说有什么不好，大概是大儿子现在身高185厘米，二儿子

是我：你当人生不设限

178 厘米，阿姨嫌他矮就是。

这么多年做月嫂的积蓄，让阿姨帮大儿子在县城买了套房子，也娶了老婆。其实干了这么多年早累了，可为了一碗水端平，阿姨又得出来忙活。

我问她，是因为爱吗？

"爱啊，自己生出来的孩子怎么能不爱。生出来就要负责啊。"

可是我怎么就不爱自己的孩子呢，还是负责才是一切的根本呢？我在心里琢磨，没问出口。

比我更不适应的是机智。

因为阿姨怕狗，我也担心飞扬的狗毛对刚出生的孩子不好，大部分时间，他俩分开在两个房间，谁也看不到谁。为数不多的相处，是我小心翼翼地抱着布比去给机智闻闻看看，介绍妹妹，好像机智从不知道布比的存在一样。其实机智怎么能不知道呢？每一次胎动，机智都好像比我还先看到，凑在我旁边盯着能盯到睡着，更何况布比哭起来，上下三层楼都能听到。但我也知道，机智不喜欢布比。我一出房门，机智就会发出委屈的呜咽，布比一哭，机智总会快速钻到最狭窄的空间——厕所、床底、阳台，寻求宁静。

直到有天，时间差没算好，机智在门厅看到了抱着布比的阿姨，突然就发出了低沉恐吓的狗叫声，阿姨吓坏了，我还挺高兴，感觉狗没白养，哥哥还知道保护妹妹。直到有一次，阿姨想抽一张纸巾，机智也发出了同样的声音。原来在机智眼中，孩子和纸巾都是家庭财物，并没有什么分别。

头两个月，我和布比以每两个小时一次，每次半小时的频率相见，我为她提供母乳营养，她吃完转头寻找更亲切的阿姨的安慰。我们在彼此眼中好像都没什么特殊意义，我甚至需要阿姨的提醒才能想起给布比拍照，但产后依旧充气一般的肚子是如何缩回去的，我却没忘记用照片逐张记录。在伤口偶尔抽痛的瞬间，我才能想起"遥远"的生产故事，再强硬地和眼前的婴儿产生一些情感连接。

两个月后，阿姨到期离开，老林产假结束，我们回到了自己的家，一切重新开始。

大概是一种动物生存的本能，原本跟着阿姨早七晚八作息的布比，不用几天，就按照我的生物钟，变成了早十晚十。那时，布比的人生最大的难题，是如何克服自身重量翻过身来，一次次尝试，终于成功，却又陷入双腿总被婴儿床围栏夹住的困境。她也开始出现一些与众不同的性格：强迫症、爱拍照。无论是口水巾还是盖毯，只要移动了位置，总是能看到她手舞足蹈的愤怒，但只要举起相机，她的眼神也总能有意无意地看向镜头。当时的我不知道这是真相还是错觉，到了布比两岁，特质依旧保留，甚至还有加强。人的性格居然从出生就已经注定了吗？这发现让我觉得奇妙，也觉得悲哀。

在日复一日昼夜不停的相处中，我终于变成了所谓普通正常的母亲。手机里重复保留的，是旁人看不出区别的布比的日常；哪怕带着最后一丝不愿更换微信头像的坚持，朋友圈也逐渐被孩子的照片所占领。我逐渐学会分辨她的需求，她开始能看穿我的脸色。我亲吻她的脸颊时，她居然会发出笑声，我亲得起劲，她也笑得开心。我看着她的脸想，她是我的，是我一个人的，甚至也不是老林的。这念头过于可怕，也让我疑惑。我看着眼前熟睡的肉团，甚至说不清我和布比到底谁更依赖对方。

是我：你当人生不设限

　　我自己照顾布比的时间大概是一年。那一年，我们住在老林家的老房子里，不到 40 平方米的面积，小小的房间，我们每天都挤在一起。我甚至觉得那个房间变成了时间的容器，只要进入大门，时间便静止。我给她唱歌，帮她洗澡，无聊的时候手指戳手指的游戏也能玩上半天，我仿佛回到了怀孕时，感受那种世界与我无关的平静和快乐。我比我想象的更喜欢她。但只要踏出房门，时间依旧飞快向前，现实生活中的一切都好像在指责我的错过。

　　朋友偶尔来家里，会短暂抱起孩子又放下。从我变成一个"母亲"的那天起，没人敢在夜幕降临后向我发出邀约，即使偶尔有勇者出现，听到我两小时必须回家的日程，也终会放弃。当我出现在饭局，朋友们总会尴尬并礼貌地询问起关于孩子的种种话题，然后让一切终结于"时间过得好快啊，你都有孩子了"一句轻飘感慨，转而聊起自己的工作、恋爱、未来困惑，人生选择。我知道，他们像曾经的我一样，对孩子毫无兴趣。我应和"年轻"话题，又带着一种藏不起来的长辈口吻。我也终于意识到，我对他们所说的，同样毫无兴趣。我和曾经最相熟的这群朋友，像隔着山谷呐喊，再也无法靠近。夜幕降临，大家心照不宣，我又像丢掉水晶鞋的灰姑娘冲回家中。

　　人生选择无非是付出与收获。在生育这条路上，代价如此清晰，收获又显得有些无力，只是孩子的微笑、皱眉，一切在外人眼中毫无意义的生命链接。

　　为了争取自由，可悲的只要走出家门就能被称作"自由"的自由。我试着带布比一起出行，开始的时间是很美好，所有路人似乎都对我们充满

125

成为: 来处是何，归处是哪

了成倍的喜爱，年轻妈妈和可爱宝宝的组合，谁能不喜欢呢？我自大地想着。可故事总会急转直下，巨大的气球、洒水车，甚至一个路过的男人，都能激起布比的恐惧和愤怒，我只能落荒而逃。如果穿着最性感的衣服推着婴儿车是一种反抗，那些擦肩而过、快步行走，却不用担心婴儿哭闹的年轻女生就是致命的压迫。我时常羡慕老林，只要他穿戴整齐独自走出房门，就足以勾起我无穷的妒火。

我开始拒绝找保姆，拒绝公婆帮助，甚至在老林要和我探讨育儿方法时嗤之以鼻。房间内的一切，变成了我的战场，是我唯一可以控制的领地。效果显然是显著的，布比开始准确地区分妈妈和别人，一到睡觉时间，连老林都无法近身，但我只要伸出一只手，就能让她轻松入眠。

只是，在每一个我想逃跑的瞬间、每一个看向窗外的瞬间，我就会想到自己的母亲。好像不管相隔多远，我都会看到有人在对我轻蔑地嘲笑。"你终于理解我当时过的是什么日子了吧。"她说。这恐惧让我不得不打起精神，像照顾自己一样照顾布比。每当一个关于育儿的决策分岔口向我袭来，我更像在扮演女儿而非母亲。我用理想中的、我期待的母亲对待我的方式去对待自己。所谓温柔忍耐又活泼可爱、半分真诚半分假，我以为日子能一直这么过。

直到我提出提前结束哺乳期，所有人出乎意料又理直气壮地惊讶和反对，终于冲破了我敏感的神经。母亲终究还是"出卖身体"的职业啊，我想。

听说很多母亲会把喂奶比作一天中的禅定时刻，但对我而言，那只是痛苦又无聊的日常消耗。外人看起来好像舒适安稳，我却只能感觉身体里

是我：你当人生不设限

有个永不停息的水泵在运作，抽出精力、生产乳汁。我喂奶半个小时后通常又累又渴，算是产后减肥秘方。无数个深夜，我在乳汁的海洋里惊醒，哪怕朋友来访轻轻的拥抱，瞬间打湿的衣物也能宣告我的人生失控。

终于逃跑是在一天的深夜，我坐在楼下的长椅上，只听见风吹树叶的声音，我盯着天，试图寻找出一点点光亮。哪怕不久后下起了小雨，我没动也没逃，只是抬着头，感受着难得的与自然的亲密。一个小时后，我在重新踏入单元门的瞬间如同坠入地狱，心想，我终究被责任拉回了琐碎。

从那天起，带着人生不能陷入重复的恐惧，我逐步减量，不到六个月，给布比断了母乳。夺回身体主动权，哺乳连带产生的激素也随之消失，我变回一个普通人、一个正常人。

布比是一个非常强壮的孩子。

出生近三年来，她几乎没因为生病给我添什么麻烦，为数不多的几次高烧，只要挂在我身上，她就能平稳度过。平时在家跑步转圈，磕碰是常事，但只要我的一个鼓励或者一件新鲜玩意儿，她就能立刻自己爬起来，把摔倒当作一次游戏。刚刚一岁出头，挡路的纸箱里哪怕装满可乐，布比也能整盒搬起。

但她好像还不愿独自去征服世界。

还不能翻身的日子，布比吸引我注意的方法，是用力猛烈地敲击自己的肚皮，空心鼓里乳汁摇晃，发出的声音居然是清脆的，直到我转过头和她目光相遇，任务就完成了。能爬能走后，布比会干脆地在每一个需要我的瞬间直接冲来，头埋向我的胸口，小手像兄弟一般拍打我的后背。

有时我甚至会觉得她在靠我的指令过活。

127

成为： 来处是何，归处是哪

　　谢谢是抱拳，再见是挥手，鸟鸟是指向天空的方向，只要一句话中有一个类似"亲"的谐音，她就能立刻拿掉奶嘴亲我一下。当我发出"遥控器"的指令，她就变身巡查机器，翻遍家中四角找出来递给我，这让我心满意足。

　　有一天我去卫生间，布比自己坐在床上，等我回来的时候，她挺着肚子，正在玩被子的水洗标签，身边唯一陪伴她的小鸭子，被她偶尔拿起啃两下，又随手放下。我当时觉得心里被挠了一下，想着，小孩真孤独啊，没人能听懂他们的话，每天被关在一个小小的区域里玩无聊的游戏，他们也很难过吧。这时我才发现，我比我想象的更喜欢她。布比看到我出现，四肢快速敲击床面算是欢迎，我也冲过去，嘴刚嘟起，她就凑上脑门，我狠狠地亲了她一口。

　　当妈似乎也变得越来越简单，只要不当自己是妈就好。

　　布比磕了脑袋，我就嘲笑她的鲁莽；她不愿意刷牙，我就把牙刷当宝贝抱在怀里再躲起来，好像正在进行一项不能被发现的秘密游戏；碰到布比害怕的东西，我躲得比她还远，甚至把大头靠向她小小的肩膀，她也能勉为其难地拍拍我的后脑勺。

　　下雨天地滑，我摔了膝盖，蹭掉一大块皮，活动也不利索，布比估计被吓到了，看到我的伤口就哭，看不到伤口看到我的脸也哭，怎么哄都不行，我完全没办法。第二天阿姨来了，只要她看到我的腿，就冲过来像吹气球一样呼呼吹两下。布比最初还是害怕，只敢躲在一边，看了两次，就像参加比赛一样和阿姨比着，看谁能更快地冲过来吹我的腿。我想起人生哲理：你和恐惧玩起来，就是面对恐惧的最好方法。

是我：你当人生不设限

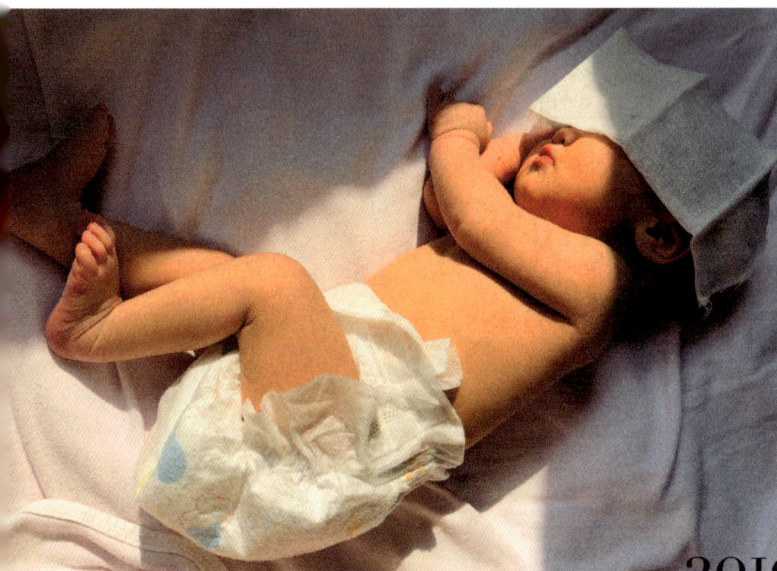

2019/9

北京　布比出生第三天

2021/3

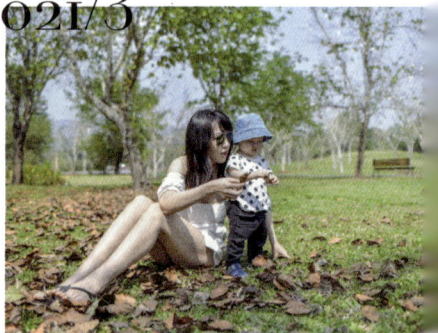

西双版纳　布比 1 岁 6 个月

2019/11

北京　布比 2 个月

2021/8

北京　布比 1 岁 11 个月

2021/10

潮州　布比 2 岁 1 个月

2022/1

三亚　布比 2 岁 4 个月

　　布比开始对所有事情发表意见后，从吃饭喝水，到是不是睡觉，我都会先询问她。她点头就继续，如果她回答"不"，我也从不坚持。一天晚上，我问她睡觉吗，她爽快回答睡，我关了电视带她进屋躺下，她又开始闹，我再问她睡不睡觉，她就疯狂摇头。我居然开始和一个不到两岁的小孩讲道理："自己说的话，就应该说到做到，自己的锅自己背。"她好像也听懂了，侧身，十多分钟睡着。

我不再因为她不懂她还未到过的世界而生气，我不再看着她独自向前，我们一起玩着、走着、商量着、活着。

几乎是一眨眼的工夫，就到了我们相识的第三年。

没错，相识。

我依旧很难理解剪断的脐带为什么会直接喷涌出母爱，我俩的日常相处中，母性直觉也无法帮我准确预测对方的意图，咸淡偏好、动静反馈，都只能在每日相处中学习、碰撞。

老人家常说，三岁看老，进入人生第三年的布比，也确实发展出了一些称得上独特的"人格"。

力大无穷好像是一以贯之，布比目前的最高纪录是举着四公斤、相当于自己三分之一重量的踩脚凳，从卧室走到厨房至少十米，轻松完成。老林顺势宣扬起他对布比的期待，像网球名将莎拉波娃一样，用天赋与努力在体育界闯出一条路。因为有了这个"梦想"，一向主张因为孩子长得快，不必买太贵太多衣服的老林，给布比买起网球裙倒毫无抱怨。

但布比显然只喜欢"裙"。

我听人说，不要过早给孩子灌输性别的刻板形象，女孩过家家男孩玩赛车的时代早已过去，我同意，也照此教育。偏偏，我的女儿只愿意做公主。

"我是番茄公主，妈妈是玉米女孩，爸爸是胡萝卜东西，机智是蘑菇机机。"

两岁八个月，布比用尽自己掌握的词汇，把家中的每个成员放在了合适的位置。

衣服要粉色，皮筋要粉色，哪怕穿不惯人字拖，只要鞋子是粉色的，那她也愿意"习惯就好了"。

当然，她还是一样地黏人，我是充电桩，她就像续航能力差的电动车，隔一段总得躺平在我身上充充电。只有一个时间例外：当她成为一个能听会说的人类，我教她什么是工作，工作能为我们带来什么，她似懂非懂，直到她明白工作可以赚钱换衣服，换新衣服，立刻愿意放我一马，勉强自己玩个半小时。

还有一次，布比突然拉着我说，她想要买一条新裙子，我回她："你已经有很多了呀，要不以后赚钱了自己买吧？"

布比立刻反击："可是我有钱啊。"

我问她："你的钱在哪呢？"

"在你心里。"她说。

我立刻下单买了三条。

性格决定命运？

命运决定性格？

我没懂。

但我真的很喜欢她。

我曾用自己喜爱自由的心克制对她的喜爱，总觉得只要保证"相敬如宾"的相处距离，我的"不投入"既能帮我找回自己，也能让她少些被母亲控制的可能。但我失败了。

132

是我：你当人生不设限

牵手走路时，她总会用自己毛茸茸的小头蹭我的手背。

我发脾气了，她会第一时间冲过来抱我大腿，大喊“妈妈”，在我低头的瞬间，她瞪大眼睛，噘着嘴说一句“你别生气了我哄哄你好吗”。

我让她道歉，她向我说恭喜发财。我喂她吃面包，她假装手滑，即使冒着被我骂的风险也要给自己的机智哥哥吃一点。

会说话了，她吸引我关注的方法变成在房间大喊“我最爱妈妈了”。只要我的眼光移向她，她会立刻问出“你喜不喜欢我，爱不爱我”，再在得到肯定答复的瞬间冲过来，结结实实地和我拥抱三分钟。

“我们互相抱，互相保护。”她说。

我无法控制自己对她的喜爱，更向身边所有未婚育的女性宣扬这种快乐。

我只对她说“很棒”和“没事”，就像我怀孕时承诺的那样，帮她抵抗规则。我向她学习平静，从一片树叶或一只小鸟那里感受快乐，也开始接受万事万物都有自己的成长速度，世界不因我而改变。

这一年，我第一次因为自己的女性身份而自豪。人们常说，是女性承担了更多的育儿责任，可有种连接和感动，不只是外人，就连家中的男性也永远无法体会。这张拥有高昂代价的，名叫“母亲”的俱乐部的门票，是布比送给我的。

三年后，回顾过去发生的种种，开心是真的开心，感动是真的感动，但疼痛折磨、辛苦焦虑也都无法被忽略，没有哪个更多，也好像无法比较。我总觉得，试图用开心时刻去抵消痛苦，对开心和痛苦都不公平。

但我看着布比，看着她望向我的眼神和永远张开的双臂，就好像获得了一种赞许，一枚类似“成为母亲”的勋章。

成为：来处是何，归处是哪

2021/6

北京 布比 1 岁 9 个月

×

奋起：

打工人之前，打

34

工人之后

工作是为了供养梦想还是生活?

很长一段时间,我都觉得工作在赚钱上的意义被远远高估了。我们(包括我)用自我售卖赚钱,然后花钱,生生不息。但工作又确实在某种程度上滋养和安慰着所有人,我们(包括我)用带着明确标准的步调前进,短暂抚平一切不确定生活中的焦灼。

但最令我难过的是,人无从逃避生活的惯性,当我们在规则与体系中生活久了,好像就再也逃不出了。只能时刻带着一颗叛逃之心。

奋起： 打工人之前，打工人之后

《奇葩说》

　　我从小就没怎么看过综艺节目，可《奇葩说》不一样，翻来覆去地看过三遍可能都说少了。最狂热的时候，给我看一套选手服装，我都能说出是在第几季第几集什么辩题的讨论中出现的；对其中的金句论点，更是如数家珍。再说，如果说我从小到大的梦想是成为一个特别的人，有媒体塑造、节目包装的加持，登上《奇葩说》舞台，可能就是特别人类最想要的一项认证证书。

　　这是一档辩论节目，按官方说法，应该也是第一档具有时代意义的网络综艺。选手对穿上裙子的导师失去了卑微顺从，所有在星级卫视上无法播出的"低俗"生活语言在这里反而是正常的沟通方式。

　　第三季我报名了，连封拒绝邮件都没收到，也没觉得奇怪，大概是我不配。等到第四季开始报名，我就又开始蠢蠢欲动。

2016 年，我已经开始在北京上班，《奇葩说》的制作公司米未也在北京。占据地理优势，好像底气也更足。趁着上班空闲，我偷跑到公司顶层的楼梯间录制了节目需要的报名视频。太久没人来的角落，轻轻一挥手，就能扬起楼梯间的灰尘，四处弥漫。在这里，我认真地对着镜头观察自己的脸，调整角度，美化微笑，修改措辞，仅需要三分钟的报名视频，折腾了两个小时才完成。

不瞒你说，在当时的我看来，通过天衣无缝的剪辑技巧，我已经完成了一次完美的内容表现。现在看，三分钟的内容有八次明显的剪辑痕迹。有多明显？我甚至添加了叠化转场效果。但信念显然更重要，我在心里跪地，双手合十，点击了那个似乎可以决定命运的邮件发送按钮。

像很多人一样，我也总觉得综艺节目的背后充满了后台关系，内定黑幕，我一个小小素人的报名表，甚至都不会出现在导演的视野里。

可我有地理优势。

《奇葩说》那时的微信公众号叫"朝阳公园东七门"，据说是米未的办公地点。请假半天，我坐上公交冲了过去。

主动总没错。

公司位置也很好找，到朝阳公园东七门的保安室一问，就得到了准确的进入方式：右首边小路走 200 米，能看到一栋灰色大楼。

"又来了一个。"

　　我当然不是唯一一个这么做的选手，每个被我问路的人，都带着一丝心照不宣的微笑。大楼下，几位年轻人聚在一起抽烟，听说我想找《奇葩说》的导演，上下打量几眼，就移出了进门通道，不多问一句。进了铁门，走上二楼，墙壁上是热烈跳脱的鲜艳彩色，办公桌上堆满了杂乱物品，冰箱里塞着赞助商饮料，哪怕没有明显的前台标志，我也知道，来对地方了。

　　头几个见到的导演，见怪不怪，以官方态度有礼貌地告诉我，还是老老实实遵守节目规则回家等筛选比较好。哪怕我已经有点垂头丧气，但既然也没人拦着，我还是情不自禁地往办公室里走，拉着每个过路的人请求得到一次面试机会。终于，有位男导演愿意坐下来听我聊一聊。

　　"你不选我一定会后悔的。"

　　人生经历细说一遍，他则像极了老谋深算的人事经理，只是微笑点头，看不出情绪好坏。临走，从冰箱里掏一瓶赞助商咖啡送我，总不是空手而归。

　　好在一周后，短信来了。

　　"来自《奇葩说》的告白短信：你好，我是《奇葩说》的编导，你提交的报名被选中，请通过微信与我联络。"

　　主动总没错。

　　如果我没记错，从那天起，我大约经过了四轮导演见面会的筛选，包括三对三的分组辩论赛、台下坐着近30位导演的"演讲赛"或者有懒人沙发小隔间的一对一会面。只是无论表现如何，在每一次"面试"末尾，总会有人适时提醒：不到录制的那天，都不算最终结果。

是我：你当人生不设限

我列了一张清单，纸的两面写满的都是那些看起来独特的能够拿出来标榜自己的"事迹"，排列组合精挑细选，却总陷入深深的迷茫。我，真的可以等同于我做过的那些事吗？我到底是谁？

第一次见面时，我介绍自己"虽然我只有 22 岁，但我和一个我只见过六次的人结婚了"。第四次，时间跨越半年，这段话变成了"大家好，我已经离婚了"。

犹犹豫豫，战战兢兢，我甚至不敢和身边人提起自己的面试经历，直到真的到了那一天，2016 年 12 月 11 号，《奇葩说》的先导节目《奇葩大会》录制首日。而我收到录制邀请的确认通知，也不过在一周之前。

服装问题是第一关。

我既不知道该穿什么，衣柜也没有给我更多的选择空间。精挑细选后，也只是一条最简单的黑色短裤和黑色背心，价格加起来不过 100 块。朋友实在看不过眼，拿了件旧棒球外套借给我，绿色的，好歹颜色鲜艳，再套上自以为显瘦的黑色高筒靴，就算打扮完毕。

录制场地在酒仙桥科技园区角落里一栋毫不起眼的黑楼。从早上九点到达，整整一天，我都在看着大家的特别，质疑自己的平庸，因为我的打扮太不像选手，而来回拦下我好几次的保安大哥，也切切实实地证明着这点。坐在休息区，身边不时有"老奇葩"走过，我只觉得自己进入了一个从未想过的世界。

第一位搭话的，是刚巧坐在旁边的时尚编辑。他在台上以夸张取胜，随时可以跳起舞来，下了舞台，却只剩下腼腆害羞，旁边人随口一句求助，就愿意大老远地跑到化妆间取充电宝。有着几百万粉丝的娱乐八卦

奋起：打工人之前，打工人之后

"大V"，也坐在我身边，只需说出一个名字，就能换得名字背后错综复杂的八卦故事。他看我一脸迷茫坐得拘谨，不忘偷偷指导，要在等候区多多捧着赞助商的品牌食物，多多和身边人互动，才能换取到更多的出镜机会，而出镜机会，就是一切。

"蛇精男"刘梓晨走进来，从人群中穿过，径直坐在了化妆台前，周围人的瞩目和谈论声明显，但好像并不能引起他一丝的情感变化。化妆结束后，他也不着急走，自然而然地等在一边，和善配合所有人的合影需求，当惯了公众人物的样子。永远慢条斯理地说话，在有人叫他宝宝时撒娇回应。助理提醒他上场时要说的内容，他回应助理让她别担心，自己就想把话说完："我在网上被吐槽得肯定比他们狠。"

多么奇葩的场合，大家抱着各异的心态来展示自己，也以一种最意料之外的方式打动着我。

等候场区的导演对讲机里出现我的名字时，已经是晚上八点，化妆师赶来处理面部疲惫，现场导演负责振奋内在精神。导演带路，沿着指定路线走到候场区域，面对搭建铁架，我听到了另一侧舞台传来的笑声。在我之前上场的是傅首尔，为了番茄和圣女果与小贩争论的故事让五位导师大笑、鼓掌、集体通过。一直以来困扰我的问题重新出现了：我是谁？

何炅老师念出我的名字，现场导演一面说着"加油"一面忍不住伸手推我的后背，提醒我赶快上台。背景音乐放出"旅行的意义"，我从楼梯上走下，巨大的摄像机对准我，所有人的目光注视我。经过一整天的录制，灯光炙烤下的舞台已经能散发热气，马东、蔡康永、高晓松、何炅，这些只在屏幕中出现的人就坐在一米开外，"老奇葩"们坐在后面，再后是观众。这些一个比一个会说的人，在接下来的十分钟里只会安安静静地听我讲完我的故事。

我只觉得脑中一片空白。事后听人说，我讲第一段沙发客的故事的声音几乎在颤抖，从旅行讲到婚姻，我站在原地，紧紧踩住舞台上用来定点的黑色胶带，直到马东老师冒出一句"我特别喜欢你"，我的灵魂才被召回场内。抬头看看大家，原来现场有那么多人因为我讲出狗子的故事而热泪盈眶，因为我的年轻和无知或赞许或思考。高晓松老师询问大家我可以晋级吗，有那么多我喜欢、崇拜的人点头附和"她可以的"。

原来我这样的人，这样的活法，真的可以得到认可，在我自己都不相信自己"可以"时，有人相信我"可以的"。我是谁？我就是我啊。我兴奋地走错了下场通道又绕回，最初那位愿意坐下来听我讲完故事的导演早就等在了外面。

肖骁告诉我，从我走上台的那一刻，别扭又普通的着装和身体语言就让他认定我只是节目的"炮灰"，和无数前赴后继想要登上舞台却又只是匆匆来过的人一样。听我讲完，他觉得我还是有点意思的。

从酒仙桥的录制场地到物资学院的出租屋有 30 公里路程，我坐上回家的出租车已经是凌晨。

在媒体行业，"老师"是最普遍的称呼：摄像老师、导演老师、大晴老师。走出录制场地时，人人向我招手告别，不知是不是错觉，经历过一轮讲述与晋级，我似乎已变成这"环境"的一员，和早上进场时的局促截然不同。

只是，当我紧张地收好近百元的出租车发票以备报销时，录制场闪光

我自己的人生不做我会后悔 * 能做都做 · 能讲都讲 * 算命讲我会结两次婚 * *

赵大晴

灯照出的漂浮感也已减少了大半。

节目播出那天是 2017 年 1 月 20 号，我和同事正在金宝街的一家烧烤店聚餐，忍住了拉着大家一起看节目的炫耀，却忍不住在桌下偷偷看完了自己上台的片段。想要说点什么却不知道从何说起，就干脆在每一个想要大笑或者懊悔自己为什么不能表现得再好再自然一点的瞬间，干掉一杯酒。桌上，我和大家寒暄微笑，桌下，紧握手机一遍遍地刷新自己的微博主页。粉丝数字不断上涨，好或坏的评价相继出现，有人开始翻看我之前的微博，试图寻找我成长的蛛丝马迹。我有点慌张，有点开心，有点不知所措，就只好再干掉一杯酒。

私信比评论多，每条都是一篇完整的小作文，大家好像在节目播出的瞬间，突然笃定我就是那个可以被信任，可以托付秘密的人。生活琐事、感情困扰，肆无忌惮地聊着说着，夸我最多的一句就是，活出了他们想要的样子。骂声当然也不少，短短一两个小时，私信不仅集齐了我的知识储备中所有的粗口，还让我学会了 100 种新的骂人方法。

一月的北京很冷，风很大，喝了酒的我特别怕冷，找了个借口溜出餐厅，整个人都在发抖，风从皮肤灌进脑袋和心脏，冰冷的真实感把我重新拉回地面，好的坏的都是假的，都不重要。那一刻的我，不过就是想有个人走到我面前，问我是不是很冷，再真实又温暖地抱抱我。

可都二倍溢价了，我还是叫不到回家的车。

一天后，我的微博粉丝从 900 涨到了 30000，肯定不算爆红，但足以让那时的我受宠若惊。

说来可笑，曾经有平台想找旅游达人，朋友推荐我，对方说话礼貌又

奋起： 打工人之前，打工人之后

恭敬，可在得知我只有 900 个微博粉丝后，就果断地拉黑了我——我居然记仇到了今天。

曾经的偶像变成了微信好友，出门会被人认出拍照，也因为经济条件的改善，我从合租房搬出，拥有了一整间屋子的钥匙。

我以为生活会从此翻盘，可越来越多"知情者"的出现，却让事情往不可控的方向发展。

"身边好友"说我和粉丝有不正当关系，说我出去旅游的钱靠的是打开双腿出卖身体，边玩边睡，还为此堕胎。

"大学校友"说我只是个因为成绩太差被"延迟毕业"的差生，其他经历都属编造。

"高中教官"问我，还记不记得他，在没有收到我的回复后，迅速留下一句"人红了就是善变啊"！

一条条我的朋友圈的截图出现，与男性在沙发上的合照就是卖身旅游的铁证；和朋友吃吃喝喝肯定是在蹭富二代；和男性自拍说明我私生活混乱；开过的分享会都是我抱着别人的大腿想要爆红。

人们管这些在网络上随意攻击造谣他人的叫作"网络喷子"，也说清者自清，不需要在意和计较。道理我都懂，可事情真落在自己身上时，说毫不在意当然是假的。

最近的一组证据是在节目录制当天。选手们四处拍照，座位不够，一个男选手招呼我，坐在他腿上照相，我想都没想就坐了下去，拍完离开，没觉得有任何不妥。直到以"我爱我的老婆"作为人设出现的他，在微博发出照片，甚至还莫名从我朋友圈中选了一张我穿着比基尼的照片作为搭

是我：你当人生不设限

北京 《奇葩大会》漫画师现场作画

配，文案写着"好妹妹加油"。网友截图留证，我百口莫辩。

我开始警戒性极强地面对每一句问候，字斟句酌地回答每一个问题，不想被抓住任何小辫子。连出门遛狗，都觉得会被路人指指点点，我也实在是有些神经衰弱了。

有一天，微博下有人留言："赵大晴就是卖身旅游，我有朋友还是她的客户。"

我终于没忍住，回复他："请问你朋友叫什么？是我的哪位客户？"

对方居然承认得直白："我是编的，说不出是谁。"

瞬间释然。

造谣的成本是很低，可辟谣的成本其实也不高。如果你愿意说出真相，而不是装作无所谓的回避，很多事都会变得简单。最可怕的是说不出、不敢说。

与此同时，一篇叫《那个 21 岁闪婚的姑娘现在怎么样了》的公众号文章在各大鸡汤营销号疯转，连《中国新闻周刊》这种"正经媒体"都凑了个热闹。文章里看似不偏不倚的言论"正中要害"地说出了我"不赚钱""不工作""养活不了自己""没有一技之长""人蠢没思考"的真相。文

章评论里则充斥着因为我太过任性地挥霍了人生，
所以注定要付出代价，甚至不得好死的预言。

　　"同样一个故事，背后藏着不表的东西往往定
义了这个故事的性质。你要揭晓真相发现了千疮百
孔，是否还觉得这是一个浪漫且富有传奇色彩的故
事？是否还觉得这样的生活值得羡慕？"作者写道。

　　很多人攻击我的"闪婚闪离"，质疑我说出这
段故事的原因；朋友也不理解，担心会因此影响我

北京　《奇葩说》定妆照

2017/5

北京　《奇葩说》形象照

北京　《奇葩说》录制前自拍

北京　在化妆间候场

是我：你当人生不设限

之后的感情生活。其实曝光私事的理由远没有那么复杂。

在离婚后不久，我遇到了一个自己喜欢的男生，相处愉快、进展顺利，可我却怎么都开不了口主动提起我离婚的故事。那一刻我意识到，离婚不是污点，也许只是一间放在心里的"暗室"，可不说出口，就永远没办法解开魔咒。既然有机会，干脆当着"全国观众"的面，一次说清。

坦白地说，《奇葩说》的录制机会，让我动摇了在婚姻中许下的承诺，而这种动摇带来的分离的结果，又让我在《奇葩说》舞台上被人留意。原因结果错综复杂，让我也无法定性说清，只是可能人生的奇妙之处就在于，它让你所经历的一切如同旋涡一般吞噬了你，再带着被吞噬后的你和你无法抹去的过去，去到一个全新的地方。

我不知道参加《奇葩说》的这段经历还会将我带到哪里，可我总会想念那个窝在宿舍看《奇葩说》的姑娘。她看到现在的自己，一定会超级开心。

有一天，录完节目回家，发现床正上方的天花板莫名开始渗水，被子都被打湿了，联系房东、联系物业，面对着漫长的责任推脱。

走下舞台，卸了妆，真实生活还是没能优待我啊。

打开微信，看到有人发来红包。发红包的人说，"抱抱你，下次结婚，买个好点的头纱吧"。

也足够了。

后

奇葩生活

○

有"前辈"曾好心教我——认真阅读每一条微博私信和评论，别人用哪个词夸你最多，你就把这个词成倍放大，重复得多了，它会成为你的"人设"，你也会因为它被人记住，有时候甚至骂你最多的那个词也行。我认真学习、仔细查看，按这种说法，属于我的三个词是"自由""勇敢""潇洒"，要是多加一句，那可能是一个正过着别人想要的生活的人。

这可太难了。

《奇葩大会》结束，《奇葩说》来了。

每次录制前，导演会在选手群里同步本次录制的辩题。一共七八道，我们可以按照自由意志选择持方和题目，并按喜好程度排序，剩下的交给导演，搭配安排后确定最终人员配置和录制顺序。

第四季,我第一次上场辩论的题目是"分手要不要当面说",那场的"女神"是林志玲。辩题持方确认后,大约有一周准备内容的时间,造型师同步准备服装。我心满意足,终于不用自己想穿啥了。

服装设定的文档里写着"大晴: 活泼、运动、鲜亮、温暖,可以展现身材的上装"。在这样的设定下,一条粉红雪纺抹胸长裙,成了我首次登场的战衣,与之搭配的,是一双十厘米的粉色漆皮高跟鞋。我没穿过这么高跟的鞋,也没拒绝,谁愿意初来乍到就做惹麻烦的人呢。上场前我想,要坐直、要端正、要好看。等到真正站起来说话,不过十分钟,当脚下针扎般的疼痛袭来,别说端庄,连准备了无数遍的词都说不出口了,我完全站不稳。

"不好意思,我实在是脚疼,能脱鞋吗?"

没等到导演反馈,我弯腰脱下了高跟鞋,现场观众有人发出惊讶的声音。现在想来,录节目录到一半脱鞋的好像也只有我。不礼貌,但瞬间自在了。回到后台,有导演凑过来说:"你做的比你说的要好。脱鞋这件事儿,我们在后面看着觉得特别好。"我瞬间就明白了,他以为我脱鞋是设计好的动作,我是用脱鞋表现自己潇洒不在乎的人设。

《奇葩说》绝对算是良心节目,无论是导演还是剪辑,都在为选手考虑,用导演的话说就是"善意剪辑原则"。在这样的原则下,导演组不会为了节目效果留下你的"丑态",而是仔细挑选,留下你表现最好、内容最精华、最讨人喜欢的样子,到我这里,是否留下"脱鞋"的镜头,也需要细细考量。剪辑师、责任导演、制片人,层层考虑,在最终呈现的版本里,这一幕被剪掉了。可避不开的,是镜头切到全身时,我赤脚的样子被播了出来。网络反馈迅速直接，很快，我就收到不少观众的质疑和谩骂。

"赵大晴为了维护自己的人设不要命了吧，光脚上台都想得出。"

"前辈"说的是没错，人设真的可以帮你最快地被观众记住，可我"亏"在属于我的虚无缥缈的那三个词，无法证实也没有标准，一旦刻意，便会失去词语本身的意义，失去我最"招人喜欢"的地方。

我最招人喜欢的时候，恐怕是我最不在意别人看法的时候。

可当你陷入其中，谁又能说自己完全不在意呢？

我想被人喜欢。

谁不想被人喜欢？

摄像机亮起红点，代表导播切换了机位，想要直视"电脑前"的观众们，就要和"红点"建立感情。

"观反"的意思是观众反应，是烘托现场气氛的重要一环，在《奇葩说》里还包括选手在"听讲"时的反应。想要更多镜头，不仅需要做好自己，也需要给其他选手足够的反馈。鼓掌、大笑、欢呼、流泪，甚至生气、不屑，只要有表情就好，夸张的肢体语言更佳。

万一嘴瓢说错了话，不要直接说下去，倒回去再说一遍完整的句子可以方便剪辑，现场观众评判比赛输赢，网络观众才能决定你的舆论生死，只要剪辑得好，观众只会看到你最顺畅的表现。

这一切的一切，都是我的知识盲区，边录边学。

"素人"这个词也是我当时学到的。像我这种没签公司也没有任何节目经验的，是"纯素"。第四季只有我一个纯素。

当我写下这句话，也许你看出了我此时的骄傲，没人不希望自己是个一击即中的天才。但在当时，我只有惶恐。

《奇葩说》的比赛结果是由现场观众决定的。真人观众评判，那是一种比拼，也是一种审核。当然，这么想的可能只有我。开场前观众入座后，热场导演向大家问好，由上至下，由左至右地向观众们介绍每一位选手。观众座位是随机的，顶多按照衣服花色进行一些美观要求上的调配。所以你能感受到观众的掌声也是随机的，甚至是波浪的。观众从不给任何人留面子，这就是观众的意义。无论导演如何带掌，总有人带不起任何掌声，迅速坐下假装背词是唯一的选择——比如我。

整季节目录制，我大约有四次上场的机会。次数的多少几乎代表了能力的高低。四次，就是不高。每次题目确认后，刨去一到两周选手各自准备的时间，节目组也安排了同组选手之间的讨论和内容导演的梳理，来帮助每个选手达到最佳效果。

所有人都在帮我。

凌晨一点去"老奇葩"的房间梳理内容、整合逻辑是常事。黄执中和胡渐彪作为"辅导员"，几乎将自己的房间改成了备战室。拉着导演听你重复演练三四个小时也不奇怪，细到观点的前后顺序排布，每一句话的重音和身体动作，都会有人尽心尽力地指导，但每个人的指导都不尽相同。

没有舞台经验不是表现不好的借口，却是我手足无措的原因。很久之前我发过一条微博写道："当你把一个人当成偶像的时候，你就失去了平等对话的权利。"我仰望着台上台下的每一个人，听取每个人的建议。我

奋起: 打工人之前,打工人之后

在乎别人的看法,谁的看法我都在乎。然后就忘记了自己,忘记了自己原本说话的语气,忘记了自己想讲的故事,忘记了作为一个正常人就应该开心大笑和难过流泪,忘记了我到底凭什么登上这个舞台。

当我没有讲出前期准备的辩词,下场后我会给队友和帮我对词的导演鞠躬道歉,感觉对他们是一种辜负。参加《奇葩大会》时,马东老师说,之前也有很多选手能神采飞扬地讲自己的故事,但是遇到辩论却没办法讲出新鲜的角度,他问我"你能吗",我当时不停地点头,《奇葩说》的老选手也在一边不停地给我说好话。我大概也辜负了他们。甚至,当我收到"你为什么要站在那个位置,浪费时间,我每次看你还要跳过,你知道有多麻烦吗?"的微博留言时,我还觉得辜负了全国观众。

可我从没想过是不是辜负了自己,我也根本没机会想。

为了节约成本,也因为档期安排,综艺节目通常是连续录制后再进入漫长的后期制作周期。我们每天清晨七八点进入录制大楼,再出来就是天黑了。大楼里,除了拍摄场地、采访间、真人秀场地,就是不同大小的化妆间。用 A4 纸打印名字,贴在门上,就算确认了归属。选手们聚集在一间巨大的化妆室里,你可以轻易地通过每个选手周围围绕的人数,来辨别所谓的咖位。大多数时候,这里既没有钩心斗角也没有热切交谈,每个人都更愿意独自选取一角,准备上台的内容或者睡觉。

导师和明星的化妆室与我们隔得老远,几乎是单人单间,除了宽敞,桌上永远吃不完的水果零食和依云矿泉水都是标志。选手和导师接触的机会很少,客观地说,就算有机会接触,巨大的经历差距和心态上的仰视也总会让人,不,让我,尴尬万分。

154

是我：你当人生不设限

直到某些瞬间，我会突然意识到彼此同是人类。这通常发生在卫生间，就算再多的人想保护、服侍，明星们也只能只身进去，低头洗手，溅满水渍的玻璃不曾给任何一张绝美的脸优待。或者是在开场前，来自高晓松老师突然的顽皮，声音从麦克风进入音响，全场都能听见一句"麻烦帮我把虾片拿来"。

只有何炅老师一个人例外，他永远是人类。记得身边每个人的名字，无论擦肩而过的速度有多快也能及时投来眼神致意，向所有工作人员致谢，永远和善微笑。写到这里我突然又觉得，可能只有他，不像一个人类。

制片人发话"三、二、一"，全场灯光熄灭，演播厅顶上最大的射灯开始移动，黑暗中每个人早已调整好坐姿和微笑，因为不知道哪一刻，灯光会全数打开，掌声响起。对有的人来说，又是一次新的工作，对我，对很多人来说，又是一次新的机会。

可我从没有一次说过自己真正想说的话。就算有，大概也是夹杂在"整体逻辑"中的零星片段，没人不让我说，是我自己不敢。观众在入场前会被提醒，手机静音，不能拍照摄影，可没人拦得住观众玩手机。我和观众之间距离不过五米，一举一动、哈欠微笑统统看得仔细。《奇葩说》录制现场没有提词器，但有两个巨大的屏幕显示实时得票数，每句话都被分数标明了"分量"，你甚至可以确定刚失去的一票来自哪一位不耐烦的观众。那么，要轻举妄动吗？有能力现场发挥吗？我不确定。我想我没有。

关于这个问题，"老奇葩"们当然是给出肯定答案。听他们说，从座位站起的一瞬，就能轻易感受到本场观众的气场。幸运时，蹩脚的玩笑也能作数；运气不佳时，迅速讲完坐下反而是最好的选择。在尴尬笼罩时，再强悍的演讲者也无法通过想象屏幕外可能拥有的共鸣而自顾自地讲完。

但是，我不确定我能现场发挥。我没有轻举妄动，老老实实地讲完了那篇"不属于我"的稿子。有网友留言说我讲话像背稿。没错，你说对了，连语气停顿，我都按照大家的教学背了下来。

在第四次录制后采访时，我哭得特别惨。看镜头，脸简直肿成了猪头，我知道那是我最后一次出镜了，机会只有一次，不会再有了，没人能帮我了。

最后几期节目，我穿上了被挑拣剩下的服装，扎最普通的马尾，摘掉重得让我睁不开眼、流泪还会掉的假睫毛，穿上帆布鞋。从播放出的节目看，我并没有贡献出什么有用的观反，可能也再没有摄像机对准过我。但我坐在二排，不再在脑中重复准备好的稿子，只是认真听每个人说话，观察每个人因为造型灯光流下的汗水，偷偷瞄隔壁选手在草稿纸上写下的只言片语，出奇地幸福和平静。

宣告一档综艺节目结束需要两个标志：大合照、庆功宴。宣告我的娱乐圈生涯结束的标志只有一个：没人再来骂我了。然后，我成为米未旗下米果公司的一名员工。

身边朋友总笑我，"别人上《奇葩说》都签的是艺人经纪合同，就你签的是劳动合同"。我却不过只是想做一件我有把握的事情，拿固定工资，过相对安稳平顺的生活。

只是，当身份落差带来过大的待遇差距，我也终于无法回避自己的虚荣。商务舱和经济舱是看得见的差别，而坐上一辆六座商务车，从中间排最舒适的两个单人座位，到弓着腰和三个人挤在后排，才是真正的

是我：你当人生不设限

落差时刻。

那季《奇葩说》录制结束半年后，有一次无聊，我在微博点开了直播，看到黄执中进来了，就马上害怕地点击了退出，生怕自己犯蠢。哪怕大家已经是日常相见的老板和员工的关系，"逃跑"也几乎成了我的条件反射。直到一次出差，我终于找到机会问他："你每次在节目看我们说话的时候，是不是都觉得我们是傻瓜，但因为你知道自己聪明，所以也不在乎傻瓜说了什么？"

执中立刻回答："每个人都有自己的优点，但是在这个社会上或者说在这个舞台上，聪明这个优点被我们放大了，聪明这件事情好像比别的优点都高级。你以后每次有这种想法的时候，你就告诉自己，黄执中聪明有什么了不起的？我就是比他会交朋友，比他活泼。"

我没被说服，但至今暖心。

第四季《奇葩说》最后一集的辩题是"我们最终都将成为自己所讨厌的人，这是不是一件坏事"。

我成了自己讨厌的人吗？

以前的我，不怕危险不怕死，上山下海，只要自己玩爽了就够了。现在的我可能有些自大，总想着万一自己遇险，一定会有铺天盖地的网络媒体告诉大家，安稳生活有好处，自由作死有代价。如果我遇到意外，我所倡导所代表的生活方式好像也就死了。我也不再会过分直白地表达自己的情绪，就算崩溃大哭，也得想想周围都有谁，是不是影响不好，又会不会吵到别人。

曾有"老奇葩"问过我一个问题："你想成为我们这样的人吗？"

奋起： 打工人之前，打工人之后

我当时说，"不想"。这是真心话。

和马薇薇去广州出差，司机在地下车库里兜兜转转，我们聊起其他工作也没有留意，等回过神，发现车转悠了近半个小时还没开出地下车库。我们询问司机原因，他回答是因为地下车库有个奇怪的优惠，只要从一个特定出口开出，就能减免 20 元的停车费，他只是因为这 20 元迷失了方向。薇薇姐立即转账给司机 20 元，大家皆大欢喜。事后提起这件事，他们将它描述成思维对人的禁锢，但我也不确定如果我变成了司机，会怎么选。

他们很聪明，聪明到很多事情即使我拼命努力，也得不到他们过一下脑子就能得出的结论。我成为不了他们，可我本来也不是他们。

工作一年后，我请假去了巴西，一个被我称作精神家园的地方。

有一天我在路边一家小餐馆吃饭，不到下午五点，老板就叫着要关门打烊，整个餐馆就剩下我一个人还在吃。老板一直盯着我，巴不得我快点走。我很不耐烦地问他："你关门这么早不赚钱吗？"他漫不经心地说了一句："Enough.（足够了。）"

这间店铺，是一间最普通不过的小餐馆。菜品标价不高，所处地段客流量也不多，老板身上穿的也绝不是什么奢侈大牌，但是他竟然觉得够了？我还在吃着，他就一边收东西一边等我走，我不罢休又问了一句："你不喜欢钱吗？""Enough.（足够了。）"

我突然像是获得了顿悟。在北京，大家都在追求更多，但是从来没有人说够了，更是已经很久没有人和我说活得开心最重要了。

纠结许久，在哥伦比亚的一个山顶上，我发微信提出了辞职。

是我：你当人生不设限

我当然知道一封辞呈意味着什么。我没有签艺人合同，所以它切断的是"赵大晴"这个名字和《奇葩说》的最后一点联系。我曾经想要得到的名也好，利也好，可能就此消失。舍弃物质需求对我来说很难，住过7000块一个月的房子，就很难再回到以前舍不得花50块钱买美特斯邦威的生活了。我也很害怕《奇葩说》成为我人生的黄金时代，害怕在此之后我再也找不到更好的工作，再也不会有人关注我。我害怕成为一个过气的公众人物，但是又无法过上一个普通人的生活。

只是当毫无遮挡的山风吹来，我被一种没来由的感动击中，就像一只在铁笼里被驯服已久的表演动物被放出，我意识到了自己的枯萎和迷失。

那时，偶尔遇上一个感觉还不错的男孩子，当他知道我的"身份"之后，第一件担心的事就是我和他的故事会不会成为我在节目上的素材。不是所有人都能"忍受"名气，放在以前我肯定不明白这一点。

我和机遇恋恋不舍地告别，抬腿向更靠近内心的方向迈步。

2018年春天的时候，我接受了一个在苏州的TEDx邀请。在台上，我可以不准备稿子，像聊天一样演讲。我把自己的经历简单地说了一遍，终于有勇气承认以前做某些事情时，确实有为了特别而特别的想法。特别可以被喜欢，特别能带来关注。但那次演讲，我叫它"无用的特别"。特别是方法，不是结果，特别其实无法改变人生。讲到结尾时，我没有按照演讲的"惯常套路"去给故事套上价值，提升层次，反而突发奇想地讲了一个发生在苏州的"不特别艳遇故事"。一个苏州大学的男生曾经带我上了实验室天台，在柔和的夏夜晚风下，我们看着远处的摩天轮。他问我："你觉不觉得此时此刻特别适合接吻？"我们轻吻一下，就是那一晚最后的甜品。这些故事看起来是没有用的，可不必要做却还是做了的，才是我们和别人不一样的地方，也是我当时能够站在《奇葩说》上的资格券。

此刻的我，大概才更配得上这个舞台。

只是，第五季《奇葩说》开始录制了，我没有收到邀请。

机会只有一次。

租房日记○

世界上最大的"骗局"之一，就是在北京租到一间物美价廉的房子。

我到北京三年，搬家六次，远超现代人平均搬家水平。这怪我。大概是带着一种强烈的不安全感，每每要签订"长达"一年的房屋租约时，我都会有种私订终身的恐慌，只能想尽办法地缩短每一份合约的签订期限。却忘记人长大了，时间总是莫名地过得飞快，只能在每一段来不及安稳的日子四处奔波。

我租的第一个房子在五环边，中国传媒大学附近，一个没有任何标志的小区。从挤出地铁开始，计时 15 分钟，走过一排遍布着各种便民商店的老旧平房，途经一个长期无人管理的垃圾场，再跨过一条没有护栏、人车并行的桥——桥底流水缓慢，垃圾外露，唯一的作用只剩下滋养蚊虫，

奋起： 打工人之前，打工人之后

小区的大门才终于出现在眼前。

其实我的运气还算不错，找房那天在小区闲逛，被一对准备搬走的情侣搭讪，于是这间剩余租期还有半年，一个三户零厅的不到 13 平方米的隔断房间，就被我以 1800 元一个月的价格租到手了。其中一户住着一单身男性，职业不详，神出鬼没，哪怕到了分摊水电的环节，也只是开个门缝，伸出一个手机上二维码，绝不露面。另一户是一对情侣，感情波动极大，吵架与腻歪来回交替，从时常打开的房门看进去，两人倒是把不大的屋子精心装扮出了独一无二的花样。

房子的隔音很差，以至于我躺在床上就可以轻易判断出走廊与卫生间的使用情况。当有人在外出入，另两家人就会默契地给对方留出空间，不催不争不抢不出现，等回屋关门的那声响动出现后，才不紧不慢地打理自己的生活。共同生活的半年里，三家租户正面碰头的次数，用一只手也数得过来，彬彬有礼得有些冷漠，倒也算相安无事，各自清净。

只是退房一个月后迟迟没有到账的押金，让我觉得事情有些不对，绕过了找房的痛苦，却没逃过黑中介的押金陷阱。

我找到房屋中介的办公室，中介们看起来也毫不意外。大笔一挥，原本写好的、要退回的押金条就被当场改了数字，加加减减，各项损耗计算，1800 元就变成了 380 元。他们理直气壮，你爱要不要，再伸手一扯，我手里的合同和押金条副本，就被丢进了碎纸机。

"想再来要钱，打开大门欢迎你，能不能走出去就看你本事了。"其他工作人员玩手机看电脑，见怪不怪。

我当然不能认栽。在北京生活，谁还能没几个彪悍的朋友，又有几个彪悍的朋友不是体格壮硕、方言强势的？我拜托他们替我要账，大家也答应得爽快，桌子一拍，电话拨通，就进入戏份了。朋友、男朋友、哥哥，我一生中能拥有的男性亲属角色已经被扮演完毕，对方却毫无松动语气。我只能认栽。

那年，直播还不一定是为了带货，闲来无事，我也喜欢开个直播房间和偶然路过的网友瞎聊几句。说到租房糗事，有人私信我，加了微信询问细节，我又不厌其烦地向他讲了一遍故事，从找房困难到中介过分，每个细节都没遗漏，他也听得起劲。故事结束，他问我要了中介的电话，说也想来一次要债体验。那时我并不知道，半个小时后，1800元会出现在我的银行账户。听故事的网友当然不知道我的卡号，不存在自掏腰包的可能，但无论我如何逼问，他也只像一位侠客，翻来覆去地就一句"不能让人白白欺负啊"，我也就不再追问，只能句句不离感谢。

几年后，我们变成了朋友圈的点赞之交，我也终于在他发布的消息里找到了当年顺利讨债的原因——地产集团老板的大公子，大概总是有那么些相关"势力"的。

第二间房，20平方米，2200元一个月，在六环外的北京物资学院附近。

赶在六月毕业旺季找房子，是一种类似于千军万马走独木桥的体验。我正坐在房子里写合同，就被通知房子已经被手快的租户订下，只能灰溜溜地走掉。甚至我已经搬了行李进门，面对愿意出更高房租的租客，房东也还是能"爽快"地退回押金撕毁合同，将我连行李带人一起赶出门。所以当遇到一个综合条件不错，又能立刻搬进入住的房子，我也顾不得来回

奋起：打工人之前，打工人之后

三小时的通勤时间，只想着尽快入手。

只是入住后第三天，公用卫生间的门上就贴上了"大字报"。

"十点之后禁止使用。"

原来比找到合适的房子更难的，是找到合得来的室友。

合租室友的关系的确微妙，明明都是陌生都市的外来者，依靠彼此分摊着大都市昂贵的生活成本，本就不大的生活空间却让大家的竞争无处不在。等终于交到了可以一起租房的朋友，我搬进了在北京租到的第三间房。三环以里的双井附近，可以步行前往国贸的距离，两室一厅，3000元一个月。

客厅很小，一米长的饭桌勉勉强强放得下，两间几乎一样大小的方正卧室门对门，倒也确实适合合租，关上门，就是纯粹属于自己的世界，需要社交时，也能触手可及。

朋友是那种活得极为细致的都市精致男孩。香熏机、小躺椅、编织地毯，在入住不到一周就悉数配齐，我常去他的房间里感受精致，他从不愿在我充满狗毛和杂乱衣物的房间里多待一秒。有朋友在身边，伤心的时刻有肩膀也有纸巾，快乐的瞬间只需要一声大叫就能跳舞拥抱。每到月底，我的手机上总会弹出一串账单，逐条记录着本月"家庭"花销和我需要承担的金额。我们成了有倒计时的家人，"今晚吃啥"是一切行动的暗号。

没有人愿意提起房屋到期后的去向，直到租约到期的最后半个月，我们共同在家的时间越来越少，拖到新家找定的最后一刻，才终于愿意接受我们又将在陌生的城市孤军奋战的事实。

很多人问我，《奇葩说》给我的生活到底带来了什么改变，我也总不

是我：你当人生不设限

避讳——有钱了。6500 元一个月的复式住宅、木地板、落地窗，没有合租室友，完完全全独属于我的，我的新家。

雷雨天变成了我最喜爱的天气。关上全屋的灯坐在楼梯上，任由狗子的头搭着我的肩膀，一整面墙的落地窗户除了能完整地看到天空中雷电划过，也能阻挡所有的风雨。大概是人在生活上的琐碎减少后才能移出精力观察周边，闲暇时间，观察邻居成了我最爱的娱乐活动。

第一个当然是我的邻门。

我所住的这栋楼里几乎每间住宅都有类似的格局，一墙之隔的也是邻门的卧室区域。一开始我也不能确定，可半夜忽然响起的手机振动、不顺滑的充电插头带来的摩擦声、一周三四次的翻云覆雨声响，都在验证我的猜想。

一次凌晨被吵醒后，带着好奇和愤怒，我敲响了隔壁的房门。出来的是一个穿棉质卡通睡衣的中年女性，三十多岁的样子，卷曲长发，保养得很好，就算凌晨两点，披头散发，也还能看出脸上没有清除的化妆品痕迹。

"不好意思啊，那个，我老公经常出差，这不，刚回来，我们小声点，小声点。"

她抱歉得一脸温柔。临关门，还补了句"晚安"。这低眉顺眼的温柔模样不仅瞬间消除了我的愤怒，也居然让我产生了一丝歉意，好像自己才是那个打扰别人夫妻团聚的罪人。关门回家，就像承诺的那样，我听得出隔壁极力压抑的声响，只是房间隔音实在太差，还是能听出个大概进展。等听到沉重的脚步声踩着木质楼梯下楼，我蹑手蹑脚地走到门口，从猫眼看出去，一个穿着 polo 衫牛仔裤的男人从邻门走出。刚刚开门的女人靠在门口，一脸温柔笑意，挥了两下手，大概是在告别致意。

未来的三天，很安静，睡前我还是会偶尔想到女人说老公经常出差不在家的解释。

一周后的一个晚上，男人的声音再次出现，大概是因为女人没听到敲门声，就干脆打电话过去，语气不耐烦，内容不客气。踩过木质楼梯的声音又响起，女人冲到门前开门道歉，我透过猫眼，看到了另一个男人。

因为不隔音的墙壁，我无意中偷听着邻居的生活，也有图清净不耐烦的时候，干脆用音响大声放段音乐，对方好像也能感受到我的不满，随即压低音量。到了大家同时出门，不得不面对彼此的那天，我看到了第三个男人。女人大概察觉出我已经发现了什么，冲我眨眼笑笑，我也笑笑，然后我们共同保守了一个秘密。

来北京的第三年，当工作逐渐稳定，押一付三的房租也不再成为命门，我搬进了第五个家。不知道是对北京多了些稳定的感情，还是终于对自己有了些自信，一年的租期没多想我就签了下来。那是一套明亮干净的两居室，格局方正，南北通透，更令人心动的是，房子离潮流圣地三里屯，不过步行百米的距离。

我将另一个卧室在爱彼迎上进行短期出租，一方面可以分摊房租，另一方面也为自己终于争取到了选择室友的权利而沾沾自喜。

大多时候，他们是匆匆来去的短期游客，丢下行李箱就急匆匆出门，彼此说不上几句话甚至见不到面，偶尔碰到长租客，在冰箱留下些贴着纸条的食物，也算日常温情。

是我：你当人生不设限

我常常惊讶于房客的信任。钱包、电脑、相机往房间一丢，钥匙留在敞开的房门上就是半天一天地不见人影。等到退房时，租客不仅会把房间收拾得干干净净，还会留下各种小礼物、小纸条。一位曾经入过伍的中国台湾房客甚至把被子叠成了豆腐块，双手递上专程带来的凤梨酥，鞠躬道谢后才离开。

"合租阴影"快被彻底驱散的当口，按照人一生中需要遇到"坏人坏事"的固定比例，闹心的情况来了。

连住三天，自称是艺术家的韩国大叔，除了全身毛发都需要用公用吹风机吹干梳顺的"个人习惯"，对隐私避讳似乎也毫不介意。有天回家，我看到他大敞着房间门，外裤脱下堆在脚腕，不动不说话也不回避视线，就直勾勾地盯着我，倒没有什么更过分的举动，但回到房间我也忍不住后怕。之前怕放在客厅的摄像头让住客不适，我干脆安了一个在自己房间，对准房门，至少能记录闯入者，还好，没用上。

比起人身威胁，"生意"里的"金钱纠纷"就来得更多一些了。

为了省钱，一个房间挤三个人的女大学生，说家人生病要求退款的房客，都让我变成了没有同理心的冷血房东。还有眼看着保洁阿姨趴在地上擦地还穿着鞋子到处走的、大半夜在客厅大声朗读课文背德语单词的、退房三天了说就在附近能不能过来洗个澡的、偷偷拿走我放在冰箱里的食物的……好的房客总是类似，奇怪的房客能怪出千百种新意。

大多快乐，偶尔头痛，这是只要和人一起生活都逃不开的命运。

2019年年初，我来北京的第四年，因为结婚，我拥有了自己的第六个家。

好像终于可以不用担心被房东扫地出门,不用计算还要预留多少钱作为房租储备,精心挑选的"室友"看起来也还算合拍。但显然,按照新《婚姻法》,它也还是和我没什么关系,表现出来的便是一套奇怪的家居购买逻辑。两个单人沙发,一人支付一半费用。瓷砖、橱柜、玻璃窗这类无法被打包搬走的,账单交给丈夫。但如果是买挂画、地毯、空气净化器,哪怕费用高昂,我也乐意大方。丈夫看得懂,也不曾说什么,可能无论分摊哪部分账单,都算是分了。

我时常觉得是自己的漂泊感作祟,但想想或许有另一种答案是——我本就觉得家可以漂泊。

无论是酒店民宿,朋友借宿或者沙发客旅行,我将"家"安放在一个个短居地点上却从不觉得矛盾,回酒店即是回家,当晚的住处便是家。

这是我的生存习惯,也是生存技能。

初中时老师收集班级同学的身份证号,在一排 650 开头的数字中,我的身份证打头的 441 显得格外扎眼。小孩子其实很敏感,只用一个信号,大家便立刻察觉出我的不同。

我应当且必须会说粤语,只要我做出什么出格举动,大家立刻会总结为:不奇怪,她是广东人,她是外地人。哪怕我和大家拥有同样的口音,我说"干撒"而不是"干什么",我夸人"劳道"而不是"厉害",我还是外地人。

据说是因为地区特点,直到 2020 年,乌鲁木齐才拥有了第一家麦当劳。于是,当年作为为数不多吃过麦当劳的孩子,"信息差"既帮我证明

是我：你当人生不设限

了自己的不同，也让我融入了团体。没有小孩不喜欢新鲜玩意儿。

当然这也可能因为我很高，我很外向，我从幼儿园转学去新疆就开始争做那个给所有小孩端盘子的班长。

我高中时回到广东，那里却没人在乎我的户口了。只要你不懂粤语，不说客家话，没看过 TVB，你就是外地人。"新疆妹"，人前人后，他们都这么叫我。

为了帮助新疆籍学生能跟得上广东的教学，教育局建立了"内高班"（内地新疆高中班），惠州也有这种班。同学总问我，为什么我不在那一个班，为什么不和其他的"新疆佬"待在一起，仿佛我是一个偷跑出来的"罪犯"。我说我的户口就在惠州，他们不可置信，一脸疑惑。

我还是申请做班长，在高一并不繁重的课业下请求班主任"赏"我一节班会课。我做了 PPT，详细地，用美景和同学们从没听过的奇闻逸事来介绍自己的"家乡"。我教大家和我读"bir ikki bir"，这是初中时每次运动会走方阵都要喊出的维吾尔语"一、二、一"，也是我唯一会说的一句维吾尔语。全班同学跟着我读，非常开心，我知道他们还是会叫我"新疆妹"，但我知道他们已经被没见过的世界迷住了，这种感觉的确认是从有人以"班长"相称开始的。

我大学毕业后去了北京，我是北漂，但我已经毫不在意，我已经习惯了做一个外地人。

我不属于任何一个地方，所以我能去任何地方，我永远无法被任何群体完全接纳，我也就可以去参加任何一场派对。

我没有认床依恋，我没有故乡乡愁，可谁说这不是一种自由可能呢？

工作说明○

北漂是梦想也是偶然。

不知道从什么时候开始，心里总有个声音告诉我，北京是全中国最复杂、最高端、拥有最多挑战和机会的城市。如果一个人能在北京活得很好，那也许会获得一种"征服中国"的成就感。真的有来到北京的机会是因为"网友"的创业公司招人。我们在微信群里相识，对方勇敢地聘用了甚至没有视频过的"网友"我作为员工，如同信任回报，我也丝毫没有怀疑地就订了从广州到北京的机票。直到提着行李站在首都机场的那一刻，我才终于意识到自己的"准备不足"，面对完全陌生的地方根本无处可去，只能电话求助"老板"能不能在他家的沙发上借宿几天。

本不该这么不靠谱的。

是我：你当人生不设限

高考报志愿时，带着一种"匡扶正义"的侠义情怀，我报的三项志愿统统只和法律相关且不服从专业调剂。同学们很羡慕，他们羡慕我这么快就找到了毕生的职业理想。当时，大多数的同龄人好像还在被专业与院校选择的双重考验压得抬不起头，迷茫和困顿是再平常不过的状态。我也自豪，仿佛已经优先跨入了理想世界的大门。在我如此不理智的志愿填报策略下，最终录取掉落至第三选项，也并不令人惊讶。

只是站在大学校园门外，面对一块不过半米长的"校门招牌"时，我第一次产生了复读的念头。

我的大学，广东省江门市，五邑大学。

这里的都市传说离不开婚恋八卦，社会新闻大不过交通肇事，原本最该放肆潇洒的大学生活，我们最经常的聚会也不过是去距离市区一小时车程的百米山坡烧烤喝酒。一张禁止男生穿跨栏背心上课的通知就足以轰动校园，碰到隔壁系师兄追求，张口就是相约宿舍楼下小笼包店见面，这是适宜退休生活的养老城市无误。学院楼下的毕业生流向表骄傲地书写着本校高达 98% 的就业率，附表中，毕业生外省流向为 0 的数字却没人在意。

有人视之为安稳天堂，我则以逃离为乐。江门到广州的大巴车，一天两班，25 块的单程票价，是我通往"精彩生活"的门票。

第一次踏进律所大门，是大二，为期两周的认识实习。

就像名字一样，认识实习——和你未来的职业打个照面，认识一下足矣。一个刚入门的法学系学生，能做的无非是整理卷宗、扫描文件，连去看守所跑腿送份档案，都是需要努力争取信任后才能完成的"高阶"工

奋起：打工人之前，打工人之后

2014/
广州　第一张职场形象照

作。我从最初最早到达办公室先收拾一圈卫生的热情满满，到敲着桌子等下班，也没用上一周时间。办公室三面遮挡的格子间布局，非常适合将视线固定在无法被监督的范围内美美地睡一觉，什么人生理想来着？

直到一叠文件从头顶丢下："今晚看完！"

倒也不是多复杂的案件。

郊外一家民企工厂有工人从脚手架上摔下，腿部严重骨折。作为一个壮劳力，工人几乎丧失了后半辈子用身体赚钱的所有可能性，工厂的基础赔偿不能满足生活所需，更不足以安抚心情，伤者干脆拉上全家老小，在工厂静坐示威、撒泼打滚，希望能争取到更多的经济补偿。

带我去的律师是工厂的常年法律顾问，还没下车，我们就看到早早在后门等待迎接的工厂主和秘书，一副救星终于到来的样子。红木老板桌前坐下，倒上茶，工厂主的第一句话就是"你可算来了"。

是我：你当人生不设限

37 岁的年纪，一个月 4000 块的收入，六级伤残，指导律师提供给我足以写清一份赔偿协议的相关信息。尽可能地降低赔偿金额是直接要求，彻底断绝厂方后续责任是最终目的。我在隔间赶工这来之不易的真实任务，隔壁传来的，是无关紧要的茶叶评鉴对话。赔偿协议终于被律师修改完成，撑着拐的工人从门口走进来，工厂主带着微笑，礼貌地说着让专业的律师来了结我们之间的问题，眼皮没抬一寸，手上冲茶的动作也没有一刻停下，工人同样很有默契地忽略工厂主的存在，扫视一圈，面带微笑，坐在我和律师面前，完全不是描述中撒泼无赖的样子。

工人坐下，手指一句一行地滑过协议，嘴里念念叨叨，像朗读也像思考，哪怕工厂主时不时瞟来的眼神充满了对耽搁时间的不满，他也还是不紧不慢。律师终于没忍住轻声催促，工人头也不抬，只是在手指滑到签名处的一瞬，突然抬头抓住了我的手。

"律师啊，我们农村人不懂，你告诉我这份东西有没有问题。你说没问题，我就签。"

我不知道他为什么选择求助于我，也来不及想出聪明的应对，只能低下眼睛轻声回复。

"嗯，对啊，没问题。"

他签字了。

"当事人利益最大，是律师唯一的道德标准。我们的当事人，是工厂，你没做错。"

回来的路上，看着闷闷不乐的我，律师说道。

大四毕业实习，同届同学大多接受了学校分配的本市的公检法单位，我向班级导师请了一周的假，在网上搜索了全广州的大中律所，挨家挨户地跑去上门自荐。终于，我成为珠江新城穿着正装上下班的光鲜白领，单是走进全镜面的电梯间，按下楼层数，就足以让我虚荣得快乐。

我总是擅长逃离也擅长冲入战场。

辅助的案件不再是至多不过几万块标的的离婚纠纷，经济案、刑事案我也开始能"打打酱油"，动辄上百万标的的合同配上几百页的卷宗资料见识过了，加班生活也不是不常见——我把这称为"精彩"。

看守所没少去。

我见过往看守所里送四六级词汇书的苦心家长，我知道哪里最容易买到适合"里面"的服饰，甚至，和看守所门口发出入卡的警察我也能在空闲时聊上几句。

最熟络的一位是已经临近退休的老警察，我见过他几次，没变过的都是和善的样子。每次遇见，我总是能看到他认真地和每一个路过的人打招呼，问对方吃了几个苹果，带来的香芋扣肉看起来不错是哪里买的。也听他说，人到了快退休的年纪，才知道上班的好，做了一辈子的工作，终于进入了干一秒少一秒的倒计时，得珍惜才行。

戒毒所，我只去过一次。

电视剧中常见的铁门拉开，三面环绕的楼里陆续有人探出头，交头接耳，挥摆双手，招呼着屋内的同伴出来，也希望我这个闯入者能够走近一点多说几句，除去加密加粗的防护钢窗，居然有些大学宿舍的热闹感觉。

是我：你当人生不设限

身旁警员拦住想要靠近的我，保护我，我乖乖听话，然后在走出戒毒所大门的瞬间回头大喊："好好戒毒早点出来！"对律师而言，这是极不专业的行为，但当掌声和欢呼声从身后传来，哪怕夹杂着一些意义不明的嘘声，也足以让我产生了身为超级英雄拯救世界的幻觉。

所谓"律师生涯"的高光时刻。

可是，当我真实面对在律所痛苦呐喊的委托人，或者在法庭上为几万块钱大打出手的恩爱夫妻，又总是感到无所适从。我突然发现，当事情不可挽回时，多拿到哪怕一万、几千，都是最有用的心理补偿。真实世界里，一切都可以用钱换算。每个人都有属于自己的价码，每段感情也是。

我第一次知道这个道理，还是大学期间去证券公司做总经理助理的日子。那时我的工作除去当文员打杂、写会议记录，陪老板出席应酬也是必要的一环。豪华包间、人中豪杰、白酒三巡、红酒四瓶，都不新鲜，在必要的奉承与闲聊之间，无法直接说出的机密与信息早已顺利传达。上班越久，"局"越私密，我能听懂的行话也就越多。不多说多问，游走其间却也总是保持着刚刚好的距离。

当时，老板还有另一位助理，是个年龄比我大不少的女生。有时酒局结束得太晚，我俩就会在学校门口的宾馆开间房一起睡。我和她的关系说不上好坏，有时像姐妹，有时像上下级。一同应酬的时候，哪怕我能喝，她也时常会挡在我前面干掉客户递来的白酒。共识只有一处，我们从不聊老板的八卦。所以，当她深夜开始和我分享客户八卦、老板情事时，我很惊讶却不知该如何回应，转过身去，发现她早就从床上坐起，正直勾勾地盯着我，观察我的反应，大概是一种信任测试。我想我的冷漠通过了测试。

奋起：打工人之前，打工人之后

某个休假日子的凌晨一点，没来由地接到老板的电话，让我立刻换衣服到某酒吧包间，一向对我"欣赏"的龙总正等着我去。

"8000块的现金摆在桌上，只要你来就能拿走。"我拒绝了邀请，失去了工作，倒也没觉得冒犯，只是第一次知道了自己的"价码"。

还记得一个案子，交往期间男方劈腿被抓包，面对提出分手的女方反而心生不满，干脆注册匿名账号将女生的私密照片与视频四处发放，美其名曰是没有得到宽容之后的报复。女生暴怒，寻死，又被从鬼门关拉回，终于决心维护自身的权利。

可我方当事人，是男方。

"当事人利益是律师唯一的道德。"我又想起了这句话。

在广州工作的那段时间，我总喜欢在每一个睡不着的夜晚出去溜达，去海心沙广场闲逛，我最爱的广州大剧院也在那里。剧院的地下一层是一片人造水池，建筑侧面的玻璃映着水池边的射灯，重新折射在水面。我总是喜欢躺在水池旁边的水泥台上，发呆吹风、放松身心。偶而有寻找僻静处约会的情侣经过，哪怕相隔很远，我还是能听到他们细碎的说话声、打闹声、亲吻声。更多时候，只有我一个人待着，等到水池的灯光熄灭，探出头去，看着七彩闪光的小蛮腰打出"晚安"，像完成了一个只有我知道的睡前仪式，再步行回家。

我的法律启蒙影视作品是电影《林肯律师》，得名于总是在豪华林肯轿车上办公的洛杉矶刑事辩护律师米奇·霍勒（Mick Haller）。亦正亦邪是霍勒的标签，车牌上印着的"NTGUILTY（无罪）"更是贯穿他职业生涯的关键词。

There is no client as scary as an innocent man.

（清白无辜的客户最令人恐惧。）

霍勒做法官的爸爸这么教他。

我想，如果说法律的最高境界是"不放过一个坏人，也不冤枉一个好人"，可伴随着"疑罪从无"等法律基本原则的订立，现实生活中的法律更像是在维护着"宁可放过一个坏人，也不能冤枉一个好人"的原则。冤枉一个好人的代价太大了，何况律师也没有通天之术，能精准判定真相还能力挽狂澜。而所谓恶人之恶，应该受到何种程度的惩罚才算合理匹配呢？

就像为了给每位在面对道德困境而摇摆不定时的律师找到解脱，我们总说，"当事人利益最大"，只要成了你的客户，帮助他争取最大利益总是没错。

可当电影中，霍勒这位黑白两道通吃，甚至大多数时间都在为世俗意义中的恶人辩护的律师，终于意识到也曾有冤案在自己手中，也曾让无辜的人承受牢狱之灾，身边的家人更因为他辩护的案件收到死亡威胁，所谓"职业精神"终于开始动摇了。

你说他是天使还是恶魔？

我也终于没憋住自己幼稚的问题："你觉得自己是个好人吗？"

指导律师哈哈一笑："你说呢？"

在去北京的飞机上，我回想起了很多和"法律生涯"有关的片段。高中时从杂志上剪下中国政法大学的校门照片，用胶布粘好贴在桌面；大学时因为模拟法庭上的输赢与同学和老师争得脸红脖子粗，我们当时的队名

奋起：打工人之前，打工人之后

叫"法外晴"，法律之外还有大晴——队友说；实习时跟着离婚官司的当事人一起抹眼泪。

大学老师常说一句"答题秘诀"——当你面对法律问题无从下手时，就伸手摸摸自己的心，用一颗公平正义的心来做选择，往往都能做对。

我很感激这段教育，它不绝对偏向弱者，也不提倡过度惩罚，比现实情况还要刁钻复杂的法律题目，更是"迫使"我以一种耐心且理智的态度面对平日生活中的恶人坏事。

但是，它也时常让我陷入迷茫。如何平衡职业道德与私人好恶之间的砝码，如何将共情或者厌恶的私人情绪剥离出工作，又如何不让庞大的恶性事件影响到自己的幸福感和信任心，都是我短时间内无法解决的难题。

当然，还有类似否定理想的自我怀疑。

我又逃跑了。

飞机在北京降落，我等来了接机的老板。

然后，我拥有了一个远高于工作水平的职位，月薪 8000 元，一份还算体面的薪水。

大大咧咧地拍了名片发到朋友圈，被拉进一个北京地区的工作交流群。你知道的，群聊中少不了起哄让入群新人发红包的"欢迎仪式"。我犹豫再三，30 块的红包分成 50 份，大家看起来居然也算满意。加群一个月，我总怕露怯，从不主动接茬搭话，哪怕面对整屏的推广链接，也不敢有样学样地在群里丢我公司的宣传链接。

我所在的公司，是一家成立没几年的初创企业。我跟着老板去了一两场路演，见识到了人人都是 CEO，张嘴就是几百万，没有一个颠覆时代的项目，你都不好意思和人搭腔说话。

也去过所谓的高端酒会，老板进门前交代一句："你今天的 KPI 就是加回来的微信个数。"

我冲入战场，满载而归。

几个月的工作忙碌，我开始试图肤浅地总结"商务"的本质——拓展渠道和人际关系、加微信、换钱换资源。

某种程度上我做得很好，微信好友 5000 人的封顶很快需要我用删一加一的方式来维持；另一方面我做得糟糕，自以为添加了微信好友就算获得全部资源，认识高级人脉，可最终只是得来肤浅的交集，朋友圈的横线一根。

于是我换了份工作，做活动，做青年人的线下链接。

北京的人太多了，从地铁传媒大学站上车的我，有时需要六七趟车的等待才能勉强将身子塞进车厢。也是我太不努力，身边的人早已掌握用手臂拉拽车门，脚踩踏板边缘，两端用力将身体挤进地铁车厢的必备神技，我还只是慢悠悠地跟着人群一点点移动。

北京的年轻人太多了，他们大多和我一样，抱着相同的征服城市的梦想来到这里。比起生活品质，我们都更在意每一个过眼即逝的机会。

地铁里，人人赶路，人人麻木，就算手机屏幕上打出了一连串的"哈哈哈哈哈"，真实表情中也不会有一丝皱纹能对应其中的情绪。

我们需要线下的，真实的活动和交流。

那时，我每天的工作是想着教大家怎么玩，时间久了，我发现这工作更像是一份拯救寂寞的时间杀手。

179

奋起：打工人之前，打工人之后

这座城市，休闲生活好像丰富得让全国人民都在羡慕，无数的展览、座谈、演出，还有能买到全世界商品的繁华商场，除了吃得差了点，不应有什么不满意。可我总觉得这座城市也把生活在里面的人憋坏了，明明在北京你可以触摸到世界，可城市又好像把每个人和真实世界隔开。每到周末，最让人羡慕的不是能在国贸吃一顿百元下午茶的小资白领，而是能有辆车，还有空闲时间能开到郊区散心的人。从周五傍晚到周六中午，出城的高速路总是拥挤模样。

每个人也好像很寂寞。

网络世界里，交友聊天的软件总是上网标配，可到了现实生活中的城市里，人们从一处匆匆赶往另一处，停留一秒都是对精彩的辜负、对时间的浪费。你可能看过上百场话剧，或者在公交车上擦肩而过几百万人，但就是没有一个机会能够让你和另一位多聊几句。打开社交软件，对面的人你也还是不懂，在当今这个时代，开口就问"在干吗呢"，是最不会发展出下文的肤浅问候。

通过我的工作，年轻人们聚在一起，做无聊的事，聊没边际的天。从几小时到一整天，大家将自己宝贵的财富拿出来做交换，换得一点真诚交互。在这里找到好友、恋人，甚至终身伴侣，都不奇怪，大家也往往选择在找到匹配对象后离开。我就像客栈的老板娘，迎来送往，终于，送走了自己。

在北京找一份工作不难，从不起眼的写字楼到胡同里的平房，大大小小的公司藏在其中。当然，要评价公司是否靠谱，又是另一个话题了。

一个月内的两次面试，刚组建团队的创业公司已经搬了地方；挂着旅

是我：你当人生不设限

游公司创始人的名号在网上招聘，细聊几句却提出，要不要一起开家理发店的荒诞请求；知名互联网大厂会在面试初就说好加班的频繁，"看我们主管怀孕七个月还加班到十一点呢"；创业公司则更喜欢在福利待遇上打马虎眼。

你眼中的清闲可能是他人心中的不求上进，你追求的梦想也早有无数人期待逃离。

双向选择，各花入各眼。公司起落，人员流转。

工作到第三年，我做过的项目足以写满整张简历，犯过的错误也能结集成书，面对送上门的回扣会摇摆不定，碰见合不来的同事也曾掀桌走人。我以为，我的一生也不过是在不同的公司中选择可接受的束缚而已，直到医院查出我怀孕了，我也查了查银行卡存款，发现卡里的数字足够一个漫长的暑假，我过上了曾经最期待的生活。不用为房租担忧，也不用去追逐什么，也不渴望什么。开始做博主也是这段时间的事，不过这段我们稍后再说。

直到疫情开始，各行各业都遭受了打击，原本潇潇洒洒、不紧不慢不卷，总是有野路子收入的朋友们也纷纷决定入职大厂，只求在非常时期能登上一艘大船。朋友圈里，我变成了唯一的闲散人员。总来家里送货的快递员也好奇，什么工作能每天在家完成？大概是实在憋得辛苦，他终于问出口，我也只能尴尬并体面地回答"带孩子呗"。倒也没撒谎，带着孩子，发发微博，是过去一年我全部的生活。说不上痛苦，只是孩子的成长便是我人生唯一的进展，开心也平淡。最后一个自由职业的朋友决定入职了，我就像冷冻箱中最后一个苏醒的太空人，终于决定奋起直追。

奋起：打工人之前，打工人之后

我拥有的面试技巧似乎早已过时，当被问起最近关注的"互联网事件"，我也好像总是给出愚蠢的答案。在决定找工作之后的半年，我周周流连面试现场。

还好，大部分时间的对话，总能以愉快扫码添加微信收场。我仿佛头顶"出格"二字，给面试官出了道难题：一个职场经验混乱且跳跃的员工，带来的好坏影响总是未知。

另一种，则是相互鄙视带来的尴尬局面。

我踏入大楼，只看一眼就感觉窒息。现代化的办公设施以流水线的密度遍布，遮光布严丝合缝，没有阳光可以意外透进，窗户紧闭，一眼看不清人数的员工们依靠新风系统顺利呼吸。带我参观的人事经理骄傲地介绍，因为过了晚九点打车可以报销的政策，80% 的员工会选择在公司吃饭加班。面试官问我对加班的看法，我回她希望工作和生活能有平衡。她笑着起身，做欢送姿势，我才发现看她的肚子怀孕至少有八个月。据说，她日日加班至深夜，坚持到羊水破了的那一天。

我计算过面试成果，大约有一半的公司最终给了我录取通知。从薪资待遇、工作内容甚至离家远近，终于轮到我反选挑拣。几经考虑，只剩两家。

一家是潮流媒体，整体氛围先锋时尚，工作时间和工资一样充满变动的同时，压力更是无法逃避，多劳多得，挑战与机遇并存。另一家完全相反，类国企的背景，缓慢的工作节奏，朴素的同事领导，拥有严苛的打卡制度的同时，也有着从不加班的傲人战绩，典型的钱多事少离家近。

这几乎成为我的人性抉择。

是我：你当人生不设限

最终选择了后者的我，跌破了所有人的眼镜。说不清具体的原因，只是按我过去一年多平稳生活的节奏，这似乎是更顺理成章的选择。也许是难以抗拒的人生惯性推着我接受了录取通知。带着猎奇的心理，我走进了公司。

我的工位上摆着行政提前准备的花，电脑上插着写好姓名职位的红色五角星。公司的技术催着我给电脑安装安全监控软件，行政交代新人入职考试要在一周内完成，我跟随一切已千万次施行的系统运作就好。同事们的脸上仿佛写了字——相安无事，与我无关。

开始的一段时间也是快乐的，每天定时走出家门，只要手机 App 里屏幕上的红点进入打卡范围，就能宣告工作开始。没人给我出难题，我也不为难任何人。六点下班打卡，准时回家。企业微信关闭再打开，没有任何消息会在下班后出现。一个月之后，工资来得准时，只是除了卡里增加的数字，我一无所成。第二个月，日子依旧重复。我甚至发明了一种在不违背内心的同时保持体面夸赞的方法——伸出大拇指但向前倾斜 45°。一种情绪劳动的平衡。

情绪劳动是我在米未工作时学到的词，它是说除了体力之外，人的情绪也在工作中被消耗，成为一种不可见的劳动产出。而工资中，扣除让你开心需要花费的金钱成本之后才是你真正的收入，毕竟人不可能以不开心的状态持续劳动。这么一算，真不划算。当平淡的惯性终于冲破了本性的底线，银行卡的数字也变得毫无意义。入职还不到三个月，我向老板提出了辞职。

老板也不惊讶，甚至替我想到了后路。成年人用嗅觉寻觅同伴，用理

奋起：打工人之前，打工人之后

智决定去留，不适合确实无法强求。

但身边朋友再次发出惊叹，仿佛我做了单天大的赔本生意。

"什么成就挑战都是大饼，真金白银性价比才最重要啊姐妹。"这次他们这么说，我却有了不同的意见。

有时人生会给你无穷选项，让你停留、让你迷茫，与其站在原地手足无措，不如先朝向一方走一段，也总算向前。就算选错了，也不过是划掉一个错误选项而已。了解自己，才是人生最重要的命题。我忘记自己已经太久了，终于想起来了。

如果你问我，在这三年中有没有学到些经验教训，答案是有的。

第一条，要承认自己的无知，承认自己的年轻。

第二条，说实话永远是最好的选择。

第三条，不要着急鄙视或者拒绝任何工作任务。

第四条，无论做任何事，停一分钟，能救命。

第五条，钱是最重要的也是最不重要的东西，但希望你追求的是价值而不是价钱。

第六条，选择一个你有能力随时离开的爱人，工作同样，做好准备离开，才能更好地在一起。

第七条，永远不要为了工作放弃生活。

第八条，相信自己，人生很长，你值得更好的。

我当然也可以详细拆解每一条来做分析，还能给这本书凑凑字数，但道理这东西，最有用也最鸡肋。你该跳的坑一个都不会少，也许只有回过头来，才能懂得每一句的含义。

是我：你当人生不设限

　　很多人说工作的第三年在人生的整个职业生涯里具有分割性的意义，你终于从一个菜鸟变成了一个具有基本职业素养的职场新人。你对行业的了解不再局限于电视剧告诉你的风起云涌，你可能会接到人生第一通猎头的电话。要是你的能力优秀，甚至有机会到达一个你从未想到的职业高度，当然，你对金钱的认知也会经历一个巨大的提升。

　　但其实，依旧迷茫、依旧恐慌，恐怕才是你的常态。职场深似海，我不过是学会了最基本的乘法口诀而已。

　　工作的意义也在我心里被重新定义，它可能不再是梦想，不再能够改变世界，它可能多了一些养家糊口的现实意义，满足自己的物欲也成为不那么难以启齿的好处之一。

　　我在工作第三年的这个节点上，突然走上了自由职业的道路，说得更直接一点，就是开始打零工，你所看到的这本书，也是我的一个尝试。

　　我不再迷信摩天大楼里的浮华，也不再期待群体带给我的安全感。

　　我相信每一个细节都能决定整盘工作的成败，却不再相信有任何一份职业能够真正地改变世界。

　　我没有值得发朋友圈的"高大上"的职位名片了，但我在努力，让我的名字本身拥有意义。

奋起：打工人之前，打工人之后

博主江湖

博主，是将所有的成功与失败写在脸上的工作。

出于公平，我必须提前声明，作为一个并没能从这份职业中获得太多快乐和利益的人，以下内容可能会充斥着一些不必要的尖酸刻薄，我能尽力做到的，只有诚实。而诚实，绝不是这个行业赖以生存的人性优点。

刚"入行"时跟着朋友去上了节摄影课，授课的人是位从业经验十多年的老师傅，据说，请他拍摄一天就要六位数的价格。PPT 一播出，只见各大品牌公司的 logo 在老师傅的简历页拥挤占位，面对一屋子的编导、自媒体，首先就在气势上抢夺了先机。

会议室里搭出了简易影棚。通过灯光幕布组合，让阳光色彩在室内空间呈现其实不难，而大师的标准，可能就体现在颜色变换甚至能紧跟太阳

是我：你当人生不设限

角度按小时变动。当阳光都无法限制人类时，剩下的功课，就变成了如何在黑夜配合黎明的阳光。

所谓博主工作，其实不过如此。演技创造美好生活——这么说可能有些偏颇，但所谓博主，也确实就是"卖生活"的苦劳力而已。

我的故事版本里，成为博主的日子应该从签约公司的那天算起。MCN，直译是多频道网络，在国内语境下，翻译为打包创造销售博主的商务公司可能更合适。虽然上网分享生活对我是普通日常，但要真拿它当吃饭工具，我毫无头绪。刚巧，因为之前录节目，认识了一家 MCN 机构的老板，我主动发去诚恳微信，面聊时间也定得迅速。我想这年头，面对利益冲突，谁和谁都会撕破脸皮，但一起吃过泡椒牛蛙的熟人，下起手来也总会比陌生人温柔吧。秉持着这样的理念，哪怕对面对的条款一无所知，我也从没想过货比三家。

收到合同后，我还是犹豫了几天，对条款分成不确认是一半的原因，另一半是因为那几天刚好赶上"水逆"，所有的星座"大师"都强调水逆期间不应签署任何重要的文件。但当签约经理发来一句："已经为你搭建好团队了。"我还是忍不住加快了进程。一个属于自己的团队，恐怕是每个梦想站在台前的人在内心逃脱不了的渴望。活动现场最中间的那张桌子、转头瞬间对准你的花絮相机、上台前面对伙伴而不是前置摄像头整理仪容，都是我没说出口的虚荣愿望。更何况在"圈子"里，身边陪同人数几乎约等于你的知名程度。明星出行，标配是六座商务，舒适是一方面，车小点也确实坐不下那么多的人。

我签了字。

奋起：打工人之前，打工人之后

其实签字前我还做了件事——打开几乎所有的社交媒体搜索自己的名字。曾经恐惧的谩骂一条条出现，我像遇见多年未见的老熟人，一条条仔细阅读，内心毫无波澜，也算重新回到灯光下的最后一轮自我检视。

事实证明我的选择没错，有公司在背后作靠山，很快，我收到了一些我根本没听过，读不出名字，甚至也并不需要的品牌礼物。首次收到的是一份巨大的礼盒，我扫了眼名字，不认识，就大手一挥，作为粉丝抽奖的礼物整套送出。直到商务同事旁敲侧击我的家底背景，我才知道自己刚送出的那套奖品市面价值接近五千元。几乎没人会送这么贵的奖品，要送也是把整套礼盒拆分开，每次送出一部分，价值也不低。是我冒失了。

另一方面，品牌礼物的价值也远高于礼物本身。贵重礼物期待的是隆重推出，发在社交媒体上，新来的观众或金主或许不知道你是谁，但看到相熟品牌出现在你的主页，四舍五入，你们也成了朋友。我们通过"朋友（品牌）"认识朋友，不就是为了降低自己的选择成本吗？听人说，新入场的博主为了获得大牌的青睐，自费购买产品再当作广告精致发布是常用操作，要是再带上本次宣传主题的话题词，足能以假乱真，刊例（博主的个人简历）上的一个 logo 收集成就也就此达成。是我想简单了。

但被我想简单的事，又何止这点儿。

每家 MCN 机构都有自己博主列表，全中国几万家机构，每家机构有上百位博主，算上还没来得及被签约收编的那些人，到底有多少人在用博主身份生活？实在是数量可观。

但大多数博主我都不认识。

与其说不认识，或者不如说分不清。脸盲是一方面，另一方面是雷

是我：你当人生不设限

同。开箱、翻包、过一天，只要点开视频你就能发现，成为一个"有趣的人"之后的生活，出奇地相似。不过这好像不重要。动辄几百万的粉丝数量是标配，上千评论都是被爱的证明。点开页面一看，你甚至能快速找到几人共有的相同粉丝的相同留言。都是假的。可谁在乎呢？

其实我最初是在乎的。

同一品牌，相同产品，我和另一位粉丝数量是我的十倍、报价是我的五倍的博主，在同一时间以完全一致的视频形式发出。我忐忑刷新评论和点赞数量，生怕自己输得惨烈，但没有。较真起来，我用五分钟一次的频率截图我俩间的数据变化，一天过去，我还是没有输。可还没等我享受胜利的喜悦，另一边突然增长的数据让我目瞪口呆。

可谁在乎呢？一颗巨大的泡沫球，只要贴上 logo 就能显得坚固无比。

好像从我有十万粉丝的那天起，每天点开微博私信，各家"网络营销"公司送上的报价单就没缺席过。（虚假）粉丝报价是一万个粉丝五块到五十块，点赞从一百个三毛到五块，分门别类，写得清晰。不知是不是行业已经足够规范，你甚至几乎无法从每家公司报价里找到价格差异，市场价格清晰明确。

最初的在乎让我自诩清流，甚至在微博出台限制条款——关注微博账号七天才能评论，导致假号博主大面积翻车（制作假数据的平台或公司通常是多个虚拟号同时操作，无法做到定向关注并评论）的日子，高呼庆贺。可谁在乎呢？

于是，我精挑细选了一家靠谱机构，花五块重金购买了一百个最高等级、最像真人的点赞，算是沦落其中的标志。

奋起：打工人之前，打工人之后

我脏了！我和朋友说。可谁又在乎呢？

品牌选择投放对象，就像买猪肉。代表每位博主的链接依次排列，一眼可见的粉丝数就像猪崽身体部位的差别，这顿饭需要头部（博主）、腰部还是足部？第一轮就能卡掉大半。具体到每一块"五花"之间的区别，就只能是极个人的选择。过瘦还是过肥，活泼还是高雅，生活作息看起来是不是足够健康，等等，等等。作为一只每天都在被挑选的"猪"，我对以上理由总是礼貌且尊敬，毕竟这总好过"感觉不对""质感不好"的缥缈拒绝。永远没有人在摊位前首先质问摊主：猪肉注水了吗？注了多少？是五块一斤的农夫山泉还是三毛钱的马桶水？

也许有吧。

当然，博主之间更细微的差距还是有的，这通常会在一场品牌活动上体现明显。

品牌活动的布置都很讲究，其中，是否方便博主拍照、是否"易出片"是"考察指标"的重要一环。为了达到这个目的，几乎所有的活动现场都不会有座位，几个拍照区之间也必须留下大片行走区域。第一次参加活动的博主往往左顾右盼，因为受邀资格和自身财力的双重限制，身边通常不会有人陪同，只能孤零零地站着，站在哪里都显得多余。但如果你是活动常客、重要嘉宾，品牌公关加上自带的工作人员就能"保你平安"，再加上早就熟络的同城博主，你只需要不停地问好、打招呼、加微信、拍照，就能撑过三个小时。

这其实是一种本事。

获得入场券，自费邀请高水平摄影师，选择一套体面又惊艳的服装，

是我：你当人生不设限

在人群耸动中拍出一张角度刁钻的"高级"照片。这几乎代表着社交能力、审美水平、心理素质和金钱家底的多重在线。第一次参加品牌活动，我穿着白色毛衣、牛仔裤就去了。报名签到时，公关礼貌地询问："签到可以，但大晴本人在哪呢？"等我穿上动物纹真丝长裙配过膝靴，只需要在门口探头，很快就会有人上前引导走嘉宾入口。公平地说，这怪不得别人，当你的脸没有成为意义，衣服就会代替脸——粉丝数是一个道理。

时至今日，我一只脚踩入浑水，另一只仍在陆地试探。数据呢，我当然也买，但总买得不够，至少不如大家习惯的、期待的那么多。投放我的公关也着急，再三催促之下等不及，干脆自己上手购买。

老人家说，"饿死胆小的，撑死胆大的"。

在文字自媒体时代，有人玩笑说，要警惕每一个在你痛诉生活不幸时却掏出纸笔或打开手机备忘录的朋友，因为大概率在几天之后，你的故事就会以"我有一个朋友"的开头，出现在某篇网络文章中。到了视频自媒体时代开启，掏出相机的那位，就变成了人群中最需要留意的记录对象。

当生活本身成为谋生工具，人生一切大起大落，失败与苦痛，终于变成了礼物，这一点我无师自通。

开始宫缩的那天，老林像所有丈夫一样，在我每一个痛到扭曲的瞬间，走过来试图用拥抱和抚摩让我感到平静或温暖。我则像一个专业博主一样，一只手捂紧肚子，另一只手四处摸寻手机，点开拍摄键，递给丈夫，推开他，继续投入地享受疼痛。生产的那天，我依旧反复交代老林要录像拍摄，但并不放心，干脆打开另一部手机的录音功能，放在枕头边尽量靠近自己的位置。孩子生出来后检查，丈夫录制的视频果然不如我自己

奋起：打工人之前，打工人之后

的录音完整，两端补全，也算是一次完整的过程。

直到今天，怀孕生产的视频依旧是我内容产出的观看量最高峰，但我甚至无从焦虑，毕竟这属于上天馈赠的故事，可遇不可求，而靠天吃饭的博主，早就饿死了。创造一次姐妹聚会，可以满足八位博主的更新需求，如果还涉及惊喜策划，那策划经过、现场内容、后续反馈，可更新的就更多了。无论是图文视频，还是多视角、多维度展现，对博主来说都是惯常操作。谁的生活能天天精彩？博主的生活，必须天天精彩。

有时我也想刻意叛逆，把手机塞进裤兜的瞬间几乎带着一丝就义精神。在我的想象中，我是全场唯一一个沉浸于表演、与表演者有眼神交流，甚至能留意到舞台角落地毯卷起的人。但在网络世界中，我成了素材空缺者。我似乎从不曾在现场出现，也没人认可我的存在，哪怕我们曾相临而坐，甚至愉快交流。

曾经有位旅游公司的公关想寻找旅游达人去做一轮线下分享，听到需求时我甚至觉得自己责无旁贷，小到几十人的校园讲座，大到几百人的演讲舞台，我没怵过，更没失败过。但当我当面向她介绍自己后，她的眼神从我的脸上移开，手指迅速滑过我的社交媒体主页，再次抬头的瞬间，她坚定、礼貌且不屑地回复："你没出过国吧？我看你都是在国内玩哈。"

"哈"，这个也许是由公关媒体行业从业者创造的语气词，涵盖着一种复杂且深刻的情绪，哪怕我再作解释，拒绝已是定局。网络世界中"故事与经历"以按下发布按钮作为证据，以品牌公关的耐心来完成节选，手指上下滑动三屏，你的人生履历就当了解完毕。无数以此为生的博主在质量与频率间徘徊，谁都不会知道，"证据"会带你走向哪里。"调性"——这

是我：你当人生不设限

个我至今保持疑问的词，就在你的一言一语、一举一动之间。

发布生产日记视频的那天，我收到了三条品牌方发来的私信，分别是婴儿睡袋、国产奶粉和塑身短裤。我以为这代表着传说中"母婴博主"吸金能力的体现，但在我看不到的地方，另一扇大门也同时关闭。不久之后，在生产前曾和我愉快合作的国际运动品牌，以"生了孩子就算了"这样直白又粗暴的话，拒绝了我。

可能是有舍有得？

挂上博主名头的这段时间，我的心情就像社交媒体的数据一样永无安宁。世上有很多从不会辜负努力的工作，博主显然不在其中。"小红靠捧，大红靠命，强捧遭天谴。"无数人口中流传的行业生存法则一一兑现。

你很难从一个成功博主身上推导成功技巧，一切分析复盘统统不过是马后炮，甚至，所谓的经验总结、行业分析也不过是新的选题、新的流量入口而已。更不用说那些流窜在网络，199 元教你成为百万博主的新媒体课程，点开对方主页，粉丝数 300，一切一目了然。

"入行"一年后，我向公司提出了解约。"牛蛙交情"奏效，我们好聚好散。我提出解约不是因为什么创作与商业的平衡话题，而是终于发现，好运机缘或者金钱回报，都强求不来。公司不是挡箭牌，更不是摇钱树。虽说在博主的世界里人人想赚钱，但另一端的品牌公关每天也在为内容发愁。匹配度高的合作会自己找上门，而在那些用所谓的"资源"强推得来的合作机会中，你的姓名和努力即便成为添头，彼此的不匹配也终会横生枝节。

当然，我不能否认 MCN 公司的居间调节作用。小时候爸妈说"因为

奋起：打工人之前，打工人之后

我养你"，长大了甲方说"因为我给钱"。作为博主、乙方、服务方的我们确实常说，只要钱给到位，就没有完成不了的需求，而作为品牌、甲方、需求方的对方受到的教育是要花小钱办大事。好朋友或许可以蹭饭、借钱，陌生人之间只有有事说事。

第一次和品牌方发生冲突是刚做博主半年。

在公园拍摄对方说不够时尚，选景是高楼又嫌不够治愈，发了十套服装的照片，统统不能满足客户需求。终于，服装、场景全部敲定，拍照姿势带图确认，因为我头顶飞出的个位数的杂毛、不够翠绿的生机勃勃的树叶、手背的毛孔和血管没有完全去除，甚至已经确定的姿势甲方突然看着不顺眼，一句都不符合产品的"高端"定位，我就必须重新补拍。

要是没有公司，我恐怕早就放弃这次合作，少赚钱求省事。但商务在其中不断安抚、调节，留几张，补几张，对我说"长远合作关系很重要"，对品牌讲"我们一定会负责到底"。二次合作是没有了，但至少7月北京40摄氏度高温下拍出的照片还是回了本。

凭良心讲，收到钱的那天，我确实将不愉快忘掉大半。

所以，当我刚刚离开"庇护"，迷茫是一定的。

首当其冲的问题是，如何给自己定价。

你永远不知道一个自媒体一单能赚多少钱。报出的标准价格是一个数字，算上层层加价、处处返点就是完全不同的另一个数字。

独立经营一年，每次报价都是心理战。我好像很少碰到讲价的客户，但报价一出，是迅速达成一致还是有去无回，就是一场赌博。薄利多销是否类似自降身价，我至今还没彻底明白。

是我：你当人生不设限

当然，公司帮你赚钱，公司也分走你的钱。

所以，当我刚脱离公司"管控"，最先入账的几笔收入确实也让我觉得劳动值得。我成了朋友圈里那种永远在玩又永远有钱的奇妙人设。

但有多开心呢？

一般，真的很一般。

快乐要有痛苦来对照，或者说快乐因短暂而深刻。只能说在刚解约那段时间，我的生活里没什么痛苦，而在更大段、更漫长的时间里，我只是迷茫且混沌，那是一种流动于各种情绪之间的空虚。

我无法参与群聊中的对话，因为我失去了上班所"应该"拥有的一切情绪和痛苦；我无法和朋友正常见面，因为习惯了工作日行走于空旷街道的我，面对周末的一涌而出的拥挤与快乐，我无所适从。朋友用月薪计划生活，衡量消费，能够量入为出；我则因为收入难以预测，无法计算，日常花销又过于简单透明，面对消费就像一个听天由命的醉汉，逢酒必喝、逢喝必醉，最后什么都没剩下。

当周、月、金钱，这些让社会稳定也让人类生活有所依仗的计量单位统统失效，我开始飘浮在社会中，独立于坐标之外，却又无法展开一个独属于自己的维度。

自由是一定的，快乐则若有若无。

可是坦白说，博主这个行业，受挫过后知难而退的多，我却从没见有人在风头正盛时急流勇退，毕竟没有职业像它，赚钱也赚爱。

奋起： 打工人之前，打工人之后

金钱回报很重要，虽然很难说总数有多诱人，比起"坐班工作"，博主这份工作的性价比实在高出太多。而更令人心动的瞬间，可能就是当你简单发出"晚安"两字，也收获数十近百的"晚安"回复，更有别人的好意令你感动。

"今天有没有去看好看的云，没有的话分享一个我这里的给你看。"

图里云朵大片粉红。

2019 年 10 月，我发出了第一条视频，到现在满打满算三年，我依旧在这份工作里摇摆。当然，互联网也从未想过让任何人在这里站稳脚跟。

×

打破:

冒险一次，重生

96

一次

　　我从不相信一个总在抱怨日常无聊的人能从旅行中得到任何灵感和美妙，所以原本被拆分为两章的旅行体验和生活体验，也被我合并起来。美好经历总不能以居住地粗暴区分。

　　我时常挑衅询问那些号称自己拥有好奇心的人："你知道自己每天都见的早餐店老板是哪里人吗？"

　　或者："某件常挂在嘴边的事，你试过吗？"

　　总有人好奇能够走向世界的诀窍，其实跨出家门的那一刻，一切就已经注定了。

打破： 冒险一次，重生一次

租个女友回家过年

如何找到一个合理的理由不回家过年，是我年复一年的功课。

2017 年年初，我百无聊赖地躺在床上和朋友有一搭没一搭地聊天。

"你过年去哪?"

"不知道。"

"你怎么又不回去?"

"烦啊，干脆把自己租出去算了。"

说出这话的瞬间，我被惊醒并从床上弹起，真是个好主意。

大多数人的情绪其实有迹可寻，每年 11 月底到 12 月，天冷了，钱没了，在外漂泊的人们开始想家了。想念家里的食物，想念家乡的空气，甚至父母的唠叨都格外动人。可真到了回家的时候，却会有太多相处上的问

是我：你当人生不设限

题出现。我不太懂思乡，但我懂一次"探秘"能带来的喜悦和刺激。

打开搜索引擎，输入"租女友"这短短三个字，在一瞬间冒出了无限的放荡意味，"变相卖淫""骗财骗色"是其中出现频率最高的词语，但这反而让我的好奇心战胜了担忧与顾虑。我这人吧，说好听点叫好奇心强，说难听点叫不见棺材不掉泪。中立的说法是，我的人生偏爱以身试法，最爱的就是挑战"一边倒"。打从内心就不相信全方位差评的事物，这是我很多次亲身体验的动力。

趁着热乎劲，我立刻打开公众号发帖，除了介绍自己的基本信息，也设定了详细的租赁细节。

出租价格：押金 2000 元人民币整，如果过节期间收到红包，会全数退回。我不打算用出租赚钱，押金是可退回的，但总觉得明码标价会让"出租关系"变得更加纯粹。

"服务"范围：不陪睡、不接吻、不陪酒，不做任何超出"日常尺度"的身体接触，可以接受力所能及的家务，或者陪聊天。我也相信你的家人若是真心尊重未来的媳妇，也不会有"哎呀小情侣快接吻给我们看看"的玩笑举动。

信任前提：我做沙发客时，朋友总会问我安全问题，我也会回答其实能够接受陌生人来家里也是冒着很大的风险的，这次的租赁也一样。我会经过挑选，选择我所相信的人，我也希望你能在确定租赁时支付全款押金，并相信我会按期完成任务。

出租地域：北京包邮，其他地区需支付来回机票。

看热闹的朋友很多，大家热情地在朋友圈帮我扩散着"招租"信息。

打破： 冒险一次，重生一次

这次"租女友"想法也登上了 VICE 的一块钱广告位，有了媒体的加入，越来越多的人开始加我微信。没错，为了提高效率，我将自己的私人微信光明正大地写在了招租启事里，也算聊表诚意。

为了点击率，VICE 的文章标题是《这个 E 罩杯的姑娘愿意春节和你回家》。有人因为标题产生了色情联想干脆发来咒骂，我倒也不在乎，权当作客户筛选。也有人留言"36E 真让我兴奋"。"也让爸妈兴奋兴奋吧"，VICE 的编辑开玩笑说。凑热闹的人不少，不奇怪，很多人添加微信不过想看看这个疯狂女子的真面目，或想试探一下招租故事的真实性以当作饭局上的八卦。有了租赁的名头在先，当"恋爱关系"变成"商品交易"，大家对自己的本性和需求也都变得毫不遮掩，大概和相亲类似，明码标价。只是真心"租客"数量居然更多，实在让我有些出乎意料。

有人发来自己的长篇介绍，包括籍贯、爱好、职业信息、财务情况、喜爱美剧排名。

有人要求先视频鉴定一下我的身材长相的真实性："你骗哥咋办，你说！"

有人用长度或时间夸奖自己，还自信地表示童叟无欺，可以先试后买："江苏人，大三，183 厘米，35E……"

有人问我可不可以先读几本金融学的书再去见家长，因为刚和前女友分手却不想让家长知道，她是金融学硕士，我可不能在说话时露怯。

有人问我会做多少家务，做得有多好，因为家里是个有两百平方米的复式大房，没有保姆也不请家政，自己最大的愿望就是找个像样的老婆缓解母亲多年的操劳。

是我：你当人生不设限

有人讲述自己对奶奶的感情，说奶奶身体不好了，躺在病床上，就念叨着想要个孙媳妇。我答应了他会去，不幸的是，还没到过年，奶奶过世了。

还有人问我，是否排斥假戏真做，情到浓时可不可以"更近一步"。我反问他，这难道不是你已经在期待的事了吗？他说他的魅力从未失手，发来超过十五张自拍及形象照。

我就像一个摆在橱窗里的商品，不断有人过来询价、砍价，要求赠品，就怕自己做了一次不划算的买卖。

"你好，我 87 年的，家里有哥哥妹妹和爸爸妈妈，老家泉州安溪，就是那个茶乡，挺欣赏你的，不知道联系你的时间，你是不是已经做出了决定？不过我真的需要你的帮忙，结婚这事快把我妈急死了。"

我收到了一条福建大哥的消息，没说几句，却有种意外的真诚。

我向他要一张个人照片，他发来了自己穿着宝蓝色羽绒服笑得灿烂的样子，看起来很瘦，颧骨突出、皮肤棕黑，然后很快撤回，换了一张站在白墙边，西装衬衫、羊毛背心，端庄正经的照片，就连笑容都感觉收敛。不知是不是潜意识里想多留一些想象的空间，我没有再过多询问细节，就凭着以上的交谈内容，带着自己的直觉，挑中了他作为我的"春节男友"。

赌一把呗。

出行前的一天晚上，我使了个小坏。在没有提前知会的情况下，我拨通了大哥的微信视频，大哥还是穿着那张照片里的蓝色羽绒服，里面裹着条纹睡衣，坐在电脑前，笑得一脸羞涩："我在看电影呢。"

我进入了一种每次出行前都会有的兴奋状态，朋友却不停地截图，发

打破： 冒险一次，重生一次

了一百条偏僻地区出事的新闻给我，一再强调要让大哥发来身份证照片，并让我随时汇报出行进度。

临行当晚，我做了个梦。梦到下飞机后我坐上了一辆白色面包车，和来接我的大哥有说有笑，突然，身后冒出一根棍子猛地把我敲晕，车就开到了一个奇怪偏僻的地方。有几个人坐在桌子前，好像在讨论着什么案件，其中一个人拿了一叠钱，让我拿着猜钱的来路。我拿着钱观察思考，他却在我把钱放在桌子上后抽出了有指纹的那张，说是我的犯罪证据。紧接着我被带进了牢房。牢房里坐着很多人，他们向我冲来，发出暴怒的声音，说都是因为我，他们才会被关在这里。我很害怕，一直想办法逃走，直到跑出去才发现这根本不是牢房，而是一家夜总会。我穿着短袖颤抖着在寒风中叫车，各种张望，担心自己被抓回去。

朋友听到我讲的梦后一脸喜悦，笑我知道怕就安全多了。

我刻意在出发前让自己保持着近乎"一无所知"的白痴状态，不知道村子的具体位置，不知道大哥的身高与气质，试图尽可能地消解自己的预设印象，把一切体验都留到真正到达后的相遇，却不免紧张惶恐。大哥却显得洒脱体面，微信上爽快转账押金，同时询问机票的购买细节，体贴地说如果不想暴露身份证信息可以由我自行购买后他来支付票款就好。

大年二十八，直到飞机落地，听着一路让我莫名欣喜的福建口音，我突然意识到自己真的把玩笑话变成了现实。

机场出口满满站的都是人，比我矮半个头的大哥被挡得严严实实，我四处查看，大哥热情地走过来叫我的名字，然后顺势接过了行李。我坐在出租车后座，他坐前排，回去的一路他都在尽力介绍泉州的风土人情，开

2017/I

泉州　小村的建筑

着莆田医院和安溪骗子的玩笑。每次话题结束时，他也总会迅速地转过头去，间隔几秒，等下一个话题蹦到口边，再回过头来。出租车司机也有一搭没一搭地应和，我笑大哥简直像个熟练的旅行社地陪，也看得出他的尴尬和不适。

　　进村前，我们在泉州市区的一家民宿短暂停留，彼此熟悉，也提前"套供"。

　　这时我才知道，大哥的妈妈在泉州市区做家政，大哥自己在一家鞋子贸易公司工作。哪怕在同一座城市，两人的交流也少得可怜，就像在大城市打拼的年轻人一样，忙于工作的他也很久没有回过村里了。那是一个盛产茶叶的小村落，弯曲绵延的山路，从泉州开车得两个小时才能到达。

　　在保有彼此真实身份的前提下，我们的"相遇"被设定为一次在厦门的邂逅，我从北京到厦门出差时认识了大哥的同事，在一次聚会上，通过

打破： 冒险一次，重生一次

老套的朋友介绍，我俩相识相知。发现彼此三观契合，便开始了长达近三个月的异地恋，没再见过面，只是通过微信互诉衷肠，但这个过程却让我们在精神和心灵上达到了高度和谐的统一。于是在今年的春节，大哥邀请我来到他美丽的家乡，希望能让我更加了解他，了解他的家庭。

认识不久、很少接触、精神恋爱，我们两人一小时的"对口供时间"得出了三大关键词，希望能为之后可能遇到的问题达成一点铺垫性的解决效果。

大哥笑自己，明明从来没坐过飞机，第一次买机票就给自己找了个"媳妇"回来。他本想让我自行购买机票，免得他露怯，我却为表坦诚，直接发给他姓名、身份证号。结果，名字输成同音字，还好身份证号完全一致，机场人员盖章验证算通过了。从我确定要去那天开始，他几乎紧张到每个晚上都睡不好觉，回家前的这个晚上，恐怕也是彻夜未眠。

那家民宿有只大金毛，会在客人进门的瞬间叼来热毛巾，也会扑上来抱你的大腿。我和狗玩，大哥用手机帮我拍视频，突然有点情侣的样子了呢，我在心里想，然后暗暗开始期待起这次的预支人生。

大年三十一大早，我们坐上了大哥提前约好的车启程返乡，刚进入山区，手机信号就变得时有时无，车子来来回回地绕着大弯前进，大哥打趣说这是"中国秋名山"，每一个"快的"师傅都是"车神"。我看着好久没见过的满山的层叠绿植围裹着雾气，没忍住，打开窗户大口地呼吸，空气真好。

我没在农村生活过，更是一个彻头彻尾的城市爱好者。网络不佳，交通不便，还有空气中弥漫的动物排泄物的味道，是我的恐慌点，也是我对农村的狭隘想象。现在看来，的确是狭隘没错。

然后，车停了。

并不是到达目的地了，而是迎面而来的是一条大斜坡土路。哪怕是车神司机也不敢用这段路来验证自己的开车技术，我们下车步行，侧着身，一步步小心翼翼，生怕一个不小心就会滚下山坡。

大哥的家在一座大山的半山腰，远远望去，山坡上除了绿树就是种满茶叶的梯田，三座大山围在村子的周围，即使是冬天，也是一片绿色，很美。坐在石头屋前空地聊天的村民，因为我们的到来齐刷刷地抬起头，大约是村中常住居民都已相熟，我这个不速之客的到来显得格外扎眼。我点头打招呼，他们好像不知道该如何反应才算礼貌，还好，我的"婆婆"迎上来，解除了这段尴尬。

圆脸，鬈发烫得整齐，穿一个大红色的长款棉袄，笑起来看不到眼睛。

"小赵是吧，来啦啊！"

"婆婆"好像想要伸手拍拍我的胳膊，又在伸手过来时犹豫，把手塞回了口袋。她格外克制且客气，甚至有一点不知所措，只是叫我进屋，然后不断说着，喝茶啊喝茶。

那时的我还不知道，在茶乡做媳妇，能不停喝茶也是一项生存技巧。

她一定是开心且期待的，早早就准备好了一床大红色被子等着迎接我这个未来的媳妇，却在大哥教育"不要丢人"后乖乖收了被子。她也一定不懂，面对一个愿意主动来到家中的女生，儿子为什么会如此腼腆"不争气"。我跟着大哥去山下摘豆子，家人叮嘱我们，要选那种大且饱满的，外皮不能有褶皱，要不豆子就老掉了，没人跟随我俩，可当我在摘豆子的

打破：冒险一次，重生一次

瞬间抬头看，家中其他成员早已停下了手里的活儿，站满一排，观察着我们的相处。

闲来无事，我满山头地追着家里的鸭子跑，朋友说："你看过《变形记》吗？看着你满山沟追鸭子的时候就是那种感觉。"大哥有个快九十岁的叔公，总是拄着拐杖默默地待在一边，我追鸭子，他就在旁边拄着拐杖看着我咧嘴笑，看了半个多小时，笑了半个多小时。我也去了村民家的有近千头猪的厂里，和每头猪打招呼，看暖光灯照射下软萌可爱的刚出生的猪崽。我给大猪照相，居然还抓拍到几张大猪咧嘴笑的表情。没有在村里生活过的我，从没想过，从来这里的第一天开始，自己就会如此享受这有时找信号都需要爬山去高处的乡村生活。我想要尽可能地和村里的动植物有一个好关系，想快点融入这个大家庭。

我努力地在做一个乖巧的媳妇，多做一些家务，多陪家长聊天。亲戚们

2017/1 泉州 小村一隅

2017/1 泉州 小村全貌

是我：你当人生不设限

2017/1 泉州 大哥拍的我

打破：冒险一次，重生一次

也努力地在做好家长，和我相处时总是礼貌且克制，却根本控制不住观察的目光。只要我和大哥稍显亲密，抬头看不远处，一定能发现一双眼睛将目光迅速移开，但又忍不住绕回来看看，再看看。

当然，总有人忍不住要问几句工作和生活，也会在简单聊几句后快速停止，只是一脸担忧，想我是否真的愿意放弃大城市的一切，嫁来这个小地方，跟着几句，就变成了对家乡的赞美和一杯白酒。大哥替我挡酒，亲戚便也不再勉强，只说百年好合早生贵子，快点结束异地恋，来泉州这个好地方工作生活吧！"妹夫"笑说，大哥要努力，快点把我娶回家，全家人就有个免费导游了。

"婆婆"会在我没吃早饭去山上溜达时紧张得不行，连打好几个电话给大哥问我们的准确位置，说让亲戚开摩托来接我回去吃饭。在她的心里，不吃饭是生活中最不健康的行为，可能引发众多疾病，更可能会造成我在爬坡时晕倒然后滚下山脚的悲剧。她也会在大晚上跑进我住的房间，意味深长地拍拍我的被子："一个人睡觉冷吧，盖多少被子都冷吧，两个人睡就暖和啦。"

大年三十那晚，山里除了星星点点的房子的灯光就是漫天的星光，我跑到高处举着手机试图抢红包，却还是因为网速屡屡失败。屋里，饭菜摆满一桌，一家人吃着喝着聊着，不咸不淡的生活话题穿插着偶尔出现的沉默，一顿最平淡、普通，甚至有些无聊的年夜饭的样子，但这种无聊又让我觉得有些宝贵。家人们从四面八方因为这种"无聊"赶回来，聚在一起，享受着"无聊"的时光，毕竟只要大家都坐在一起，笑着，就够了。

接近十二点，漫山遍野的烟花从山间的小房子中钻出来，越来越多，布满每个山头、整片天空。我放下手机看看周围，"婆婆"双手合十好像在对天空许愿，其他人四处站着抬头看烟花，没人说话，等烟花散去，好像大家才回过神，向左右家人连声祝福，新年快乐。

大哥从房里拿出几个烟花棒帮我点上，烟花和我的眼睛里一定都同时冒着快乐的星星。这情景，来得真实又烂漫。

临睡前，"婆婆"带着酒气来到我的房间，在床边坐着，有一丝醉意的她笑嘻嘻地一直盯着我看，看得我心里发慌，一脸尴尬，她也好像并没发现。

"我没什么事啦，就是看看你，看看你。"

原来，有个媳妇是这么开心的事。可是如果我现在让你这么开心，那当你知道这一切都是谎言，你会不会很难过？

我越来越自在地享受着"媳妇"的人设，亲戚们也越来越习惯家里有我的存在，四天的租赁时间一眨眼就过了，没有想象中的精彩刺激，却多

211

打破：冒险一次，重生一次

了一种说不出的感情。

临走那天，大哥进我的房间和我聊天，开口第一句就是谢谢我能来，也一脸尴尬地传达了妈妈对他的吐槽，毕竟一个女生愿意千里迢迢和他来村里过年，他却不紧不慢，居然不快点把生米煮成熟饭实在是让想抱孙子的老人家难以接受。我问他，会不会觉得对家人愧疚，他的"不会"回答得还挺爽快，表示很开心赢得了半年一年的缓冲时间，顺便给我的"服务"来了个"五星好评"。

拿着"婆婆"给的、要让没喝过正宗铁观音的城里人见见世面的茶叶，初四那天，我离开了这里。我临走时，和大哥像革命战友一样握了手，这是这些天来我和"男友"的第一次肢体接触。

"感觉有点不舍，可我相信有缘会再见的。"

大哥在我上飞机前发来消息，我没回，感觉说什么都不对劲。

走的那天我又想了一遍，自己到底为什么要做这件事。是为了亲身验证一些事吧？

比如，村里的生活并没有我想象中的孤单隔绝，反而宁静美好，三姑六婆也不是"吃人猛兽"，而是会爱屋及乌。

比如，我在出发前突然深陷"网络暴力"，被所谓"好友"四处造谣的我都快失去对世界的信任了，却因为这个陌生的家庭让我重拾信任。

比如，茶真的挺好喝的。

我证明了自己的狭隘，打破了自己的偏见。租女友也不一定是网络上说的"变相卖淫"，更不一定是卖弄作秀。这可以是一次让所有人都开心的奇妙体验，过程还挺……纯真的。

我打破了现有观念的设定。当固有想法被改变，喜悦来得莫名其妙。

半年后，我又收到了大哥的微信，是他和妈妈的聊天记录。

"亲爱的妈妈你好，我真的不能理解在你的生活圈子里，儿子没有结婚给你带来的生活压力和不便。我希望你能找到合适的方法解压，不要指望我们，因为婚姻对于我们也是人生大事，不可能草率决定的，但我也会尽最大的努力寻找另一半。有件事我想了很久，觉得还是需要把真相告诉你，看完这篇文章后，你就明白了。"

我在回到北京后将上面的故事写在了我的公众号上，大哥发给了妈妈。

"你把我的话传给她。这篇文章我看得都流眼泪了，可以上《知音》，太动人了，我希望她明年再来我们家过年，就把我写的传过去，快传，看看她说啥。"

我看到消息开心又感动地冒出眼泪，看来这位看起来一点都不"时尚"，却时刻关注各大论坛新闻，对国内外政策资讯张口就来，甚至无聊时摆弄手机都是在学习统计学的"农村少年"，终于开始被理解，可以安心地找一个能聊天，能做朋友的伴侣了。

"谢谢阿姨。"
"谢谢大哥。"

打破： 冒险一次，重生一次

「冒险」相亲角

自由独立的新时代青年如我，能主动来到相亲角，总是要有点理由的。

对我来说，除了好奇心，恐怕还真有点期待故事发生的心态。当然，还带着一点点的逆反心理，既然大家都说我的爱情观"不正经"，那我去体验一次传统到底的"爱情故事"，应该没啥问题吧。于是，在一个周日午后，我穿着一身纯白连衣裙加牛仔外套，尽量扮演着一个我预想中能满足"公公婆婆"喜好的媳妇模样，乖巧地走入其中。

原本隐藏在中山公园深处的湖边的一条路，满满当当都是人，再看看满地铺陈的"招亲书"，不用怀疑，这就是传说中的相亲角了。甚至，我都不需要提前准备自己的介绍标牌，走入的那一瞬，便已经成为这个"大型商超"中的"商品"。从头到脚已经注明了我的生产日期、产地、营养成分，等着过来过往的人对我进行挑选，感觉不妙。

可真到了我去查看一个个简历时，公平感就出现了。我这个"商品"，以一种由上而下的身体姿态，伴随着每两秒看一封"招亲书"的速度迅速走过时，就是挑三拣四的顾客上帝。

年龄、身高、户籍、房屋、收入情况，算是必备项目。

每个人都像找工作时投递简历一样，费尽心思地在一张纸上展现着自己的优势。

有北京户口的一定要标明，没有的则巧妙隐去。若是父母双方均为北京土著的双京籍，可能还得腾出几行来描写下自己的优良血统。名校毕业、国企编制、留学海外、长相端正，一个个"优质条件"看似不着痕迹地散落在纸张的各处，满满的都是骄傲和炫耀。

而在这些优势条件中，长相恐怕是最无法预测的一项变量。

直接与资料一起放出照片的人很少，大约只占总数的十分之一。我起初觉得，但凡敢放照片的人，只是照片一项可能就可以秒杀全场了，却忘记了一种叫作自我感觉良好的心理状态。一个名为"帅男"的"简历"在这条"相亲路"的各处分散放了近20份，但也因为放上了与大标题并不匹配的配图，无人问津。

反而是遇到感觉条件符合者再拿出照片的，能评得上80分长相的还真不少。不知道父母的心理状态是否是"我的孩子这么美，条件不符合的人可不能白看"。毕竟在这里，身高长相、家庭背景，和其他东西一样，都是明码标价，且都可以讨价还价，每多说出一点，就少了一点谈判的筹码。

打破: 冒险一次，重生一次

所以，除了展现优势，这里的人也早已学会了如何对"婚恋市场特有缺陷"进行美化和包装。

有婚史的一定得注明闪婚无子，和别人都是荒唐过去，与你才有美好未来。房子在五环外的，一定要写上房屋面积，大面积配上远距离，平均一下，自己也不比别人差。

有人写了满满一页纸的工作经历：联合国、国家电视台、总统翻译……一个个闪光的头衔让人必然多看几眼，可也是多看几眼才能发现，在纸张的右上角，小小地写着一组数字，64 年，170 厘米。

大龄女青年必定是房车齐备，而没房没车也没有稳定工作的男性，也还有自己最后一项优势——别人不愿意做上门女婿，我愿意。

李大爷，可能是其中的一个异类。

儿子 30 岁，工资不算高，月薪 8000，身高不算高，175 厘米，没有北京户口。这些足以让人在相亲角望而却步的条件，李大爷一分不多一分不少地写在了"招亲书"上。不知道是不是做维修工人的大爷用尽了毕生积蓄，才能帮儿子在京郊购买一处两室一厅面积不大的房子当作"婚姻筹码"。

必然，愿意为这些条件停下脚步的人极少，见我脚步稍稍放缓，"揽客"心切的李大爷马上热情地凑过来打招呼："你是外地人啊，我们也是外地人！外地人找外地人，大家一起在北京奋斗多好！给你看看我儿子照片！帅小伙！偷偷给你说他还没谈过对象呢，不抽烟不喝酒，这么纯情的好小伙儿你说你哪儿找去呀！"

李大爷"偷偷讲"的音量让周围不少大爷大妈侧目，少部分人讥笑，

2017/7

北京　中山公园相亲角

一部分人停留，大多数人仿佛已经习惯了这样的揽客方式，一脸漠然地向前走，寻觅下一个目标。

我边摆手边说着"谢谢"继续往前走，李大爷也一脸毫不介意的表情说着："没发现合适的再回来啊！"转头招呼下一位"客人"。

我在这个不大的相亲角晃荡了三个小时。在不断地观察询问中，我第一

打破：冒险一次，重生一次

次知道自己长着一张命中注定生儿子的脸，父母们也显然对长得高但并不瘦弱的女生更加青睐。

有个大妈堵在我面前，对我进行了人生三问。

"多高？""多大？""有没有北京户口？"

大妈的笑容瞬间凝固在我的第三个答案说出口的瞬间，头也不回地从我身边走过，还故意撞了我一下，以示气愤。

也有人干脆直接动手把我拉到一边，举着 A4 纸，强行向我"科普"自家孩子的好。

还有为自己相亲的大龄青年以一种对接暗号的形式猛地出现在我身边，在擦肩而过的瞬间，手指轻轻地敲一下我的手背。

"自己？"

"嗯。"

"87 的行不？"

"你？不行。"

"太老了是不是？那留个方式我给你介绍我兄弟，我在北京！千八百个兄弟！"

"你是骗子吧？"

"你看你，小小年纪，我就是看你合适。"

"……"

三个小时的时间，我像一天之内参加了 100 场面试似的身心俱疲，于是决定找对父母详细聊聊，然后离开。

是我：你当人生不设限

　　吸引我过去的，是带粉红色大沿草帽的阿姨，稍微一笑眼睛就会弯弯地眯起来，是看起来就会是好婆婆的"面相"。相亲角的搭讪也并不需要语言，只要站在"简历"前超过五秒，如果对方对你也有点眼缘，便会主动上前询问。如果"简历主人"对你的停留一脸冷漠，本来想询问，你也会识相地离开，多一句解释和客套都不需要。

　　还好，我刚站过去，一旁的大爷就率先开口了："怎么着，我儿子，看着还行？"

　　33岁，独子，身高185厘米，父母双京籍，自己自然也是北京户口，在某大型国企担任网络工程师，有独立住房及汽车，旁边还附上了一张五官端正、清清爽爽的一寸照。是相亲角里80分的条件了，难怪他父亲问出那句话时，语气充满了骄傲。介绍下面写着："寻独女，未婚，北京户口，165厘米以上，外貌中上，工作稳定，家境良好。"也还算蛮中肯的要求。

　　一问一答，不用几个来回，我的身家背景也就被问出了个大概。不知道是因为我笑起来也一样见牙不见眼的样子吸引了阿姨，还是因为我有问必答的态度是相亲角中难得的真诚，只经过短短五分钟的对话，阿姨突然松口说："这小姑娘性格还挺好的，是她的话，不是北京户口也无所谓啦。"听到这话，我当时甚至想立刻用手机录音，请阿姨再大声说一遍，留下证据，再把这在北京相亲角战胜北京户口的伟大故事写进简历。

　　我们交换了电话，相约保持联系，老两口目送我离开，眼神充满期待。我想，一对老夫妇看着儿媳妇从家门口走出，期待着她明天再返回的时候说自己已经怀孕了，估计也是类似的神情。

219

打破： 冒险一次，重生一次

回去的路上，我用刚刚交换的电话号码添加了微信，一个海绵宝宝的头像弹了出来。通过得非常迅速，通过后却一言不发，朋友圈里是几张二次元的漫画，我看了半天，也判断不出这到底是父亲还是儿子。等到第二天一大早，"海绵宝宝"的微信来了：

经过了一天的挑选和考虑，我和孩子的妈妈都非常看好你成为我们的儿媳妇，希望麻烦你再简单且粗线条地介绍一下你的基本情况，我们好转发给我们的儿子，并安排你们尽快见面。

我编辑好基本信息，按下发送键，两个小时后，收到了回复：

明天晚上八点半，工体大董烤鸭见，我和孩子妈，带着儿子一起都去，不知你是否有空。

2017/7
北京　中山公园相亲角

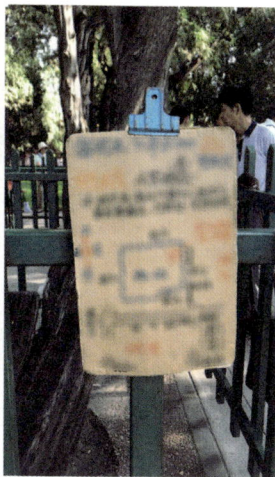

我回：好。

整个过程迅速且专业，没有一句废话。

去相亲角的那天，我刻意装扮乖巧。

真正见面的这天，我却换上了一件到腰的露背装，打算向对方坦诚自己前往相亲角的真实目的并真诚道歉的同时，也让他们看看真正的我到底是什么样的。来一次心与心的交流。

结果呢，一次原本担心要被打的道歉饭局，变成了两个"骗子"之间的坦白仪式。

孩子还是那个孩子，只是秃顶的程度，已经无法与相亲角照片中那个意气风发的少年匹配，浓密的头发已经变成了彻彻底底的地中海造型，照片拍摄于九年前。独立车房是有，但不仅位置在五环外，还背负着尚待还清的贷款债务。一顿饭下来，最美妙的瞬间莫过于，当我们聊起既往情史时，我提出自己曾有过闪婚的经历，望向桌对面，出现的却是全家释然的表情，男方妈妈甚至激动地想要握起我的手。

"我……我儿子也是啊！"

意料之中，"招亲书"都有谎言美化。

意料之外，这顿坦白饭吃得格外顺利开心，在谎言戳穿后，真实的心与心的交流出现了。

我们把婚姻当作"商品"，每个人在其中既是消费者，又是商品本身，我们以高姿态提出需求，同时也敞开怀抱，摆出任君挑选的姿势。哪怕看起来是操纵者的父母，也无疑是在用自己、用自己多年累积而来的成本当作筹码，换取心目中最想要的那个人。

悲哀又努力，大家都一样。

大家心里都知道，自己的实际条件与世俗意义上的优秀适婚对象有差距。明明缺乏竞争力又无法与自己、与世俗成见妥协，便开始以一种不说谎却又不够真实的方式寻寻觅觅，把自己变成那个"够格挑选别人的人"。荒谬的是，从两张 A4 纸上的条件匹配，到面对真人后的真实相处，其间的谎言鸿沟，总是被忽略。

好像我们都太习惯用谎言包装自己，就像习惯了修图后的自己一样。

那天，在我准备离开相亲角时，遇到一个大爷，正在为自己82年的女儿找对象。

他提出了对大多数普通人来说略显严苛的标准：北京户口，三环内独立住房无贷款，独立汽车，年收入30万元以上，身高180厘米以上。

我问他，真的能按这标准找到合适的人选吗？

"三个月内遇到了二三十个吧。"

我又追问，那真的有人有希望成为你的女婿吗？

他回答，成了谁还来这里呀。

我们相顾无言，我好像自言自语地问了一句，到底为什么，为什么就是找不到呢？为什么找个能在一起的人就这么难呢？

大爷倒是爽快，反问我，那你找到了吗？没有？那你知道为什么吗？

"人人都不知道自己为什么找不到对象，但人人都还是在继续坚持自己的标准。有标准就好找，在一起还是难啊！"

标准，可以帮你拒绝掉你不喜欢的脸，和你看不上的经济水平，但好像没办法帮你找到你想爱的人。转身离开相亲角的时候，我有点难过，难过于求偶任务的艰巨，也害怕有一天，我真的会成为相亲角攒动人头中的一员。

单身的人是不能允许别人为自己定价的，不允许别人说出他们的无能、挑剔和贪心。

所以我们排斥相亲。

但谁说单身的人没有为自己定价？

那个哪怕独身一人也永远都不会松口的标准，恐怕就是我们的价格。不能动摇，不肯松口，毕竟这标准即将交换的，是我们短暂却不一定美好的一生。

我想，相亲角是会永远存在下去的，愿意接受相亲的人也会越来越多，毕竟生活那么难，每个人能走的路本来就少，为什么还要再主动地堵住一条呢？

打破：冒险一次，重生一次

巴西
狂欢之外〇

　　从北京到底特律再辗转至圣保罗，整整 25 个小时的飞行时间，终于带我来到巴西，我的梦想之地。

　　说来我这个梦想其实出现的有些没头脑，只是翻起初中时的日记，看到前言不搭后语地记着一句"啊，好想去巴西啊"，就算记在了心里。可能人类每一个无声的念头都在向宇宙发射着神秘信号，哪怕自己都已经忘记，宇宙还是会帮你记得，运气好的话，就可能在未来的某天得到满足。

　　当然了，理智一点说，狂热、桑巴、冒险、海滩、雨林，这些在旅游书中永远不会丢下的关键词，也绝对是吸引我来到这里的关键原因，选择在狂欢节这个物价飞涨的黄金时间出行，无非是期待体验加成罢了。

　　听说在长途飞行中，航空公司会刻意调低客舱的供氧量，帮助乘客快

是我：你当人生不设限

速进入睡眠状态以熬过漫长飞行。我大概也被这种"技术"催眠了，明明登机时还像只掉落到米仓的老鼠般兴奋，经停的底特律还飘着大雪，等我再睁开眼，飞机已经在圣保罗上空盘旋准备降落。

从上空俯视这座号称南美洲最大最繁华的城市，除了密，就是绿。楼房密集地排列，高低错落，看不出明显的区域划线，更不像北京有清晰可见的环路，一切合理且杂乱地存在着。城市周围是漫山遍野的绿地植被，有点从山中跑出的繁华都市的意思。

圣保罗的沙发主是我的微博网友，一个在巴西外贸公司工作的中国女生，刚好公寓有空房，干脆用来招待远方的朋友。

我向她抱怨商业区看不出"巴西风格"，她只劝我珍惜看到的西装领带打扮，等出了圣保罗可能就不多见了。年轻人全套西服裤装，脖子上挂着工牌，在快速穿梭中寻找合适的午餐去处，完全没有想象中的自由模样。我像穿过整个地球却被流放到西二旗，地球村打工人的统一故事实在让我有些失望。可当我追问，要穿什么才能融入当地社会，她拉着我去商场，深 V 领运动内衣、七彩荧光紧身裤，加上一双哈瓦那拖鞋，总算令我找回一丝对巴西的信心——事后证明这也算一种刻板印象了。

第一餐，除了周围挤满上班族外，算是充满巴西特色。烤肉、海鲜、蔬菜排成一排，大家自助取用，不区分菜式价格，米饭和牛排同价，统一上秤，

集中算账。从办公室白领到经济状况不佳的本地居民，都乐于接受这种方便多样、不排队的饮食方式，只要找到适合的馆子，花小钱吃到撑也不成问题。

餐厅里人来人往，没人盯着你是否结账，自然也没有服务生负责端茶送水。盘子放上称重台，旁边的服务生瞄一眼，拿起手边彩色纸条记下数字递给你，出门时自己付款就行，想来要是有人成心模仿，或者直接跑单都是一件过于简单的事，只是大家懒得追究罢了。

我来巴西之前就听说过拉美国家的危险。传言说"要是没被当街抢

2018/2

巴西　在即将降落圣保罗机场的飞机上

过，就等于没来过巴西"，面对这种直白的教育，我从走下飞机的那一刻就保持着极高的警惕，但这显示还不够。帮我购置"巴西式行头"的柜员见我初来乍到，借调试运动内衣的机会向我比画起女性在保护手机这件事上的独特优势——把手机顺着内衣的方向，向身体侧边塞，底托撑起，稳固又隐形。我只当笑话听，依旧坚持手机不离手的中国式生活。

直到我目睹了一起抢劫。

下午一两点，热闹的商业区，40 岁左右的本地大叔正和朋友在线热聊，一不留神，就被身旁经过的路人抽走了手机。抢劫的人跑得飞快，大哥倒也冷静，仅仅大声咒骂几句却没有追逐的意思，好像只是因为没打完电话而觉得不满。

2018/2

巴西圣保罗　遛狗小孩

2018/2
巴西里约热内卢　基督山

2018/2
巴西里约热内卢　海滩

2018/2
巴西里约热内卢　车站等车中

我突然意识到，走出白领聚集的"富人区"，在街头拿着手机随意发信息其实并不像在国内那样常见。

欧美游客在街头拍照，身旁明明是顺向走路的陌生人，头一回，就猛地扯走了游客手上的相机，游客也执着，追赶几步发现体力不支，只能当街大喊"能不能把我的储存卡还给我"，抢劫的人倒也爽快，头一回，拆出卡手把手递回，完成了一次有商有量的礼貌抢劫。"Thank you."游客喘着气，居然说了声感谢。

要不是亲眼所见，我恐怕会坚持这都是编造出的搞笑桥段。

铺着一张床单就能出摊的小贩随处可见，应对偷窃抢劫的轻便腰包是常见商品，折合人民币不到15元的价格，薄薄一片，只能放进现金，手机都嫌厚放不下，挂在腰上，藏进裤子，才是对策。我也有样学样。

我真遇到危险是在里约海滩闲逛时。迎面走来一个醉汉，摇摇晃晃，路都走不直，他拿把小水果刀就想过来抢劫，让我掏钱，我回no，他说ok，转身离开，一次极不走心的抢劫也就此打住。巴西人的随意大概写在了骨子里，策划严密的惊天大案有，但其实不多，更多的可能只是平常路人，因为心情好，或者和老婆吵架不爽，刚好看到路人手机不错，顺手一拿就当"今日挑战"，拿不到也只当这是"坏运气"的一天。

巴西人的热情也写在了骨子里。

在街头问路，若不是看起来急匆匆的上班族，很大概率会直接送你到目的地再慢慢离开，甚至因为怕外地人受不了本地的热（哪怕2月的圣保

打破： 冒险一次，重生一次

罗临近冬天已经可以穿上外套），恨不得回停车场开上自家座驾带你到目的地。要是城市里某间小店提供不了你所需要的商品，店家会挖空心思地想出他能想到的另一家适合你去购买的商铺位置并指导你如何前往。

刚到圣保罗的那几天，我常常因为街头猛烈持续响起的汽车喇叭声而头疼，街头音乐常有，巴西人说话也豪放，整条街道就像露天派对现场。沙发主说，巴西人热情，贴面礼是正常的打招呼方式，对坐在车里的人而言，失去了贴面的机会，恐怕也只能按响喇叭相互问候致意作为弥补。于是我不仅原谅了这种吵闹，甚至听到喇叭呼应会有一种人人相熟、人人相爱的亲切安稳感。很多国家都有贴面吻，但像巴西人这样初次见面的礼貌行为也要配上结实拥抱的可能没几个，再加上耳边咂巴出的巨大声响，和喇叭文化如出一辙。

若是你多待几天，一定能发现巴西人喜欢竖起大拇指的习惯。表达感谢、赞扬、开心，甚至日常问候，永远举起大拇指再配上灿烂微笑的，总是那些在巴西生活过的人。

但这还不是全部。

如果说白天的圣保罗人还带着一种都市人特有的礼貌和克制，等到夜幕降临，被压抑已久的真面目才会终于出现。我到圣保罗时是狂欢节到来的前一周，打着节日预热的旗号，憋了一年、早就按捺不住的巴西人民已经开始穿戴上自己的狂欢节装备，脸上涂着各色闪粉，冲向各大商场和夜店。

巴西人碰到音乐是停不下来的，白天哪怕在卫生间梳洗打扮，也忍不住哼几句歌，对镜子摆几个舞蹈动作，不经意间也会抖腿晃头。而到了晚

2018/2

巴西里约热内卢　狂欢
节的花车游行队伍

上，他们的身体的每一个关节都必须为音乐舞蹈，即便是擦肩而过的店铺里不经意飘出的节奏，也会让他们身体前倾，屁股后翘，两脚一颠，带动着腰胯肩，瞬间就跳上一曲。

等我倒好时差到了里约热内卢，狂欢节正式开始，这座狂欢之城更是给了我一切加倍的体验。

金钥匙交接仪式标志着每年里约狂欢节的正式开始。掌控着现代都市秩序的里约市长，将一把象征城市管理权的金钥匙交出，由市民选出的狂欢节国王——"莫莫王"（king momo）接管，从那一刻开始到未来一周，整座城市将不再受限，自由歌舞，陷入狂欢。在这种无序的自由下，当然会有人想乘机搞事，而里约热内卢本就是巴西犯罪率较高的城市，狂

打破：冒险一次，重生一次

欢节期间更是加倍。

　　初到里约热内卢，我住在市中心的一间青年旅社。和国内大城市不同的是，巴西城市的市中心大都是治安相对较差的老城，这不，貌似安然的第一晚过去，三层楼的青年旅舍一片混乱。旅店老板说，昨晚有人洗劫了整个旅社。

　　我住的屋子是男女混住的 12 人间，一大早，每个人听到消息都赶紧从床上跳下来清点自己的财物，奇怪的是，没一个人能打开自己的储物柜的锁。不知该说是有闲情逸致还是娱乐精神，小偷不仅打开了所有人的锁，拿走了财物，还给每个人换了把新锁上去。旅社老板拿出电锯，把锁一个个锯开，清点盘算，整个旅社损失十几万现金财物，而我呢，明明包里放着几千美金和苹果电脑，却仅仅丢掉了相当于几百块人民币的巴西雷亚尔。

查看监控才发现，我居然是唯一和小偷正面对视过的人。

被偷的夜里，凌晨三点，小偷摸黑进入，却嚣张地打开了整个房间的灯方便开锁。男性，应该是本地人，黑皮肤，鬈头发，眼睛很大，穿蓝色上衣，理直气壮，不紧不慢。我被声音吵醒后拉开床铺旁的遮光帘和他对视了几秒，他也自然礼貌地朝我挥手微笑。青年旅舍的人员流动大，我根本认不全房间里的每一个室友，只觉得他是一个找不到钥匙的讨人厌的住客，当作是住在多人间的必要麻烦，点头微笑当作打招呼，没说什么继续转身睡觉。不知道是不是这种"宽容"让他对我手下留情，让我少了很多金钱损失。

我跟着大家去警局报案，爱搭不理的警察从手边装满小纸条的塑料杯里掏出一张，上面是一行网址。警察非常冷静地表示，狂欢节期间罪犯实在太多，自己根本管不过来，我们这也不是什么杀人放火的大案，这么小的事情，回去上网填表报案，然后等消息就好。

听说，里约热内卢警察破案率几乎是零，我只当是警局一日游。回去的路上听旅店老板说，遭窃是每个在巴西开店的人必须承受的暴击。他还有另一家旅店，被人拿枪入室抢劫了两次，也是从上到下地让交出所有值钱的东西，他很害怕，只能照做，同样地报案填表，警察也没能将劫匪抓到找回财物。虽然他是一个土生土长的巴西壮汉，因为无助恐惧也哭了好几次，但没有任何办法改变，等到第三次再有人拿枪来抢劫后，他终于关了那家旅店。就当是地理位置带来的倒霉运气，换了就好。

打破：冒险一次，重生一次

巴西是世界上最好的国家，他不允许任何人对此提出质疑。

"自由带来快乐也带来混乱，我们除了接受，还有什么选择呢？"

自由的反义词是安全；天使的另一端，是另一个天使。

同一地点，罪犯二次抢劫的概率远大于初次尝试，旅店老板选择打发走客人，暂时关闭旅店，用放弃狂欢节这个一年一度的捞金时机的方法避免更大的损失。我也搬了出来，在朋友的帮助下找到了里约热内卢富人区的一个沙发客住处。那是另一个世界。

要我说，金钱最大的作用，就是安全感。

当我住在安全的区域时，我相信没有人能轻易威胁我的生活，每个人的生活都充满意外，但我坚信如果有意外情况出现，我也一定有钱有能力解决问题。与之对应的，是街边路人的镇定自若，带着一丝对周围情况变化的漠不关心。不知道是安全的外在环境让每个人都能专心经营自己的生活，还是专注于自保的自私冷漠，里约热内卢的富人区也是一样。

除了供人使用的城市花园之外，富人区里专门供狗玩乐的宠物公园也随处可见，面积不小，草坪整洁，有些还配备了捡屎袋给记性不好的宠物主人。很多人带着自家宠物去逛商场，没人阻拦，甚至只要办好手续，你就可以牵着狗子上飞机，让他卧在脚下，连笼子都不需要。从清晨到傍晚，永远有人在海边跑步，也永远有人坐在沙滩上喝酒，一张毯子加一本书，你就能拥有一整天的悠闲时光。遍布街头的 acai 沙冰是我的最爱，好吃顶饱，热量还低，商场里的沙冰能玩出 100 种花样，街边推着走的冰柜则便宜又大碗。

我对巴西的偏爱是有理由的，很多人抗拒巴西也是有理由的。

是我：你当人生不设限

　　我刚到里约热内卢的那几天看新闻说，一周前，有位西班牙游客在贫民窟被流弹击中，当场身亡。如果说巴西是世界上最危险的旅游城市之一，那巴西贫民窟，恐怕是其中更为不堪的"蛮荒之地"。听说，当你夜间步行在里约热内卢城区，要是抬头看到远处的贫民窟的山上突然开始放射烟花，要么，你在远处围观了一次黑帮火拼，要么，是住在贫民窟的某位大人物去世，人们用烟花表示对他的纪念。

　　我还是忍不住想去看看。

　　我第一次去，是跟随当地的"贫民窟旅行团"。一位号称导游多年、和贫民窟各大黑帮都能维持良好交情的向导负责带队。团员们按着已经踩点过无数次的安全路线小心翼翼地走着，大多数时间沉默且谨慎；向导则从见面的那一刻就开始见缝插针地交代着团员守则。

　　守则一：不能拍照。听说有不怕死的国外网红头顶运动相机冲入贫民窟，半小时就被爆头身亡。"If you shoot them with camera ,they will shoot you with gun.（如果你用相机拍摄他们，他们就会用枪射杀你。）"听到这句话，一位和家人一起游览的美国大哥，默默地将挂在胸

2018/2

巴西里约热内卢
南美最大的贫民窟

打破： 冒险一次，重生一次

前的相机收进包里。

　　守则二：不要试图脱队或者和当地居民沟通。你永远不知道哪句话会冒犯到对方，也永远不知道在哪条巷子的拐角藏着不可告人的秘密，知道的越多越危险，在这里走丢，你可能从此查无此人。

　　我们一行十人，深深点头，像幼儿园孩子一样紧紧跟着队伍生怕掉队。但显然，这已经是过于成熟的旅游项目了，没走几步，一个拐弯，就有小孩从角落冲出，伴随着鼓声开始表

2018/2

巴西里约热内卢　南美最大的贫民窟

是我：你当人生不设限

演颠球，向导也顺势讲起巴西人民的足球情结。不看不行，我们的前后早就被人围住，不出所料，表演结束，一个铁质饭碗伸来，你要不要鼓励一下未来的巴西足球巨星？游览还安排了所谓的民间画家，以及本地蛋糕坊的购物环节，店主大概已经习惯了每天到来的游客和惨淡的销量，礼貌性地微笑一下，就坐回角落。

我决定自己再去一次。

为了维护自身或非法交易的安全，整个贫民窟没有任何门牌和街道编号，外来者极易迷失其中。这里像一个天然的迷宫堡垒，极好地区分了常住居民和意外闯入者。住在这里的人是相熟的，眼神交流之中，传递着危险与安全的信号，而恐怕一只意外到达的飞鸟，都能被敏锐察觉出陌生的气息。从我踏上山坡的第一步开始，人们便毫不避讳地盯着我，相互之间交换着眼色，伴随着点头、皱眉或者微笑，仿佛是一次无声的"闯入者安全指数"的打分游戏。

我越往里走，身边经过的人越少，店铺越少，墙壁上留下的战斗痕迹越多。子弹打出的凹陷，用刀或其他利器砍出的缺口，比比皆是。我低着头，想找到可以当作"纪念品"的东西，没有子弹壳，小块玻璃碎片也好，可地面被清理得异常干净，逛了一个多小时，我还是一无所获。

我也壮着胆子，在看起来四下无人的小巷想掏出手机拍照，可还没点亮屏幕，身后的小巷就有小孩蹿出，明明是向前跑去，却在擦肩而过的瞬间紧贴我的身体，好像一种提醒或警告：小心哦，总有人在观察着你。

不安全的气息始终围绕。

直到我终于走到一个平台小坡，望向山下，不知道谁家放出了一首

打破： 冒险一次，重生一次

《现在坐下》（*Agora vai sentar*），这是巴西人最喜欢的一首歌。我突然感觉安全与危险的平行世界被打破，心满意足地按原路下山，探秘终结。

说回狂欢节。里约热内卢的狂欢节分两种：桑巴大道的桑巴学校竞演和分布在城市大街小巷的街头狂欢。

约七百米长的桑巴大道，每到竞赛日，就变成了城市间一条彻夜狂欢的光柱。整个里约热内卢大大小小几百家桑巴学校，经过选拔，只有二十多所学校有资格在狂欢节前往桑巴大道表演。街道两侧阶梯状看台上密密麻麻挤满了几万名从世界各处赶来的游客和本地居民，从上千块的贵宾席，到一百多块的天台座，你总能找到适合自己的狂欢位置。

有一种说法是，"白天是普通人，晚上就是桑巴大道上的明星"。桑巴游行的队伍中不只有身材火辣前凸后翘的桑巴皇后，更多的是身材长相并不出众，但发自内心热爱桑巴、热爱狂欢的普通人，就连头发全白的老年人也不愿意错过这一年一度的盛典。为了配合花车主题，人们身着厚重服饰跟着一走一停的花车队伍，不需要如阅兵一样保持步调一致，只要不停地舞动身体，嘴里唱着歌，不停地和周围观众互动，发现有人照相时开心地竖起大拇指。

街头狂欢就更加随意了。

穿着清凉，酒意微醺，只需要跟着音乐声走入人群，随意加入一场热舞，再随心跟擦肩而过的陌生人亲吻或拥抱，你就变成了狂欢中的一员。除了已经为狂欢而封闭的道路，人们甚至冲上公路直接截停车辆，占领隧道，好像只要你喜欢，整个城市都是你的狂欢舞台。

向你喜欢的人伸手，如果他们也对你感兴趣，牵手成功，你们就会有

是我：你当人生不设限

美好的夜晚，或至少是不管不顾的激情一吻，当然，很多时候只需要一个眼神，对方懂了，就可以拥抱了。

初入其中的我当然是羞涩的，只敢举着手机四处拍照，看别人跳舞我跟着开心，再把手机迅速收起以免破财。

不知道在人群中扭捏了多久，几个年轻人突然将我围住，有的伸来酒瓶说一起喝，有的不停摆动胯部，张开双臂阻止我从中逃出，看着我的惊慌，他们露出围猎了一只兔子的喜悦。不知所措中，有人伸手把我从人群中拉出，是一位正在执勤的警察救了我。正当扫兴的年轻人发出不满的嘘声时，警察大哥拉我进怀就是一个拥抱。

严肃的警察加入了狂欢！嘘声转为欢呼。

"祝你在里约热内卢玩得开心。"

他冲我脱帽致意，转身工作，像刚刚什么都没有发生过一样。

早晨八点的海滩，喝酒、跳舞。

凌晨五点的城市，喝酒、跳舞。

里约热内卢就像一个永远不知疲倦的派对怪人。

有人抱着一只椰子醉倒在路边，这一点都不稀奇，椰子当然无辜，毕竟里面早就被换成了酒精浓度极高，与足球、桑巴并列为巴西三宝的巴西国酒卡莎萨（Cachaca）。

"如果你不亲我，我就现在做后空翻给你看。"

"做吧。"

日常的搭讪在这里也有了全新版本。

然后他真的后空翻了。

打破：冒险一次，重生一次

我喝不动了，跳不动了，灵魂抽离般抱着一罐酸奶在沙滩发呆。大概是确信罐里真的是酸奶而非酒精，没多一会儿，有人冲过来嘲笑我的"虚弱"，再过一阵，可能整个海滩都要传遍"有个体力不支的中国女生大白天在海滩喝酸奶"的消息。

不够疯狂在这里恐怕是种错误。

萨尔瓦多的狂欢又是另一种。

狂欢队伍的领队是一辆辆霓虹闪烁的大卡车，每辆卡车代表着一种派对风格。有歌手在车上现场演唱，也有 DJ 从大喇叭中放出风格完全不同的音乐。男女老少挤在街头，选择一辆自己喜爱的卡车，跟在它后面尽情享受舞蹈。玩到尽兴，到街边买一瓶啤酒，等待下一次的心动音乐出现，再挤进去转场就好。这场被吉尼斯世界纪录认证为"人数最多的"街头狂欢，总是拥挤喧闹。

但无论街道多么拥挤，醉酒的人又是多么忘情投入，大家总会为两种人让路。一种是街头巡逻的警察，他们总是一副不近人情的冷漠样子，拿着警棍拨开人群，确保大家的安全；另一种是正在街头亲吻的人，好像当人们嘴唇触碰的瞬间会形成身体上的保护屏障，身边的人流总会绕着你自行分开两侧，留出一片圆形区域让你尽情释放激情。偶像剧中总是这么演，现实中却总是少见，但在萨尔瓦多，人人都愿意配合演出这场戏，满足男女主角的梦，爱情最大。

"甘地之子"则是狂欢节中的另类队伍，在一片艳丽中，有一群男性（也有极少女性）用蓝白相间的袍子将自己裹得严严实实，头顶也不放过，脖子上挂着层叠的珠子，特别好认。据说按照原始的宗教传统，"甘地之

是我：你当人生不设限

子"会从人群中找到最有缘分的那个人，给他套上珠子以示保佑，被选中的人，则会收获未来一整年的好运。

现实情况是，在街边的服饰店，任何人都可以轻易购买到这样一整套装备，再选择街上最顺眼的那个美女，套住她，保佑她，若是她接受，就必须用吻作为回馈。

信则有，不信则权当娱乐项目。毕竟在狂欢节的巴西，陌生人之间的亲密总显得轻飘且随意。

落单女性如我，总是会面对各样各式的搭讪，喝多了跳得嗨了，主动搭讪陌生人也成了极其自然的行为。在萨尔瓦多的第二晚，面前的大卡车放着雷鬼音乐，几瓶啤酒下肚，我只想有人能一起分享快乐。我随手拉了个路人跳舞，这一随手，拉来了一个在巴西度假的迈阿密男孩，超过一米九的个子，棕色头发，蓝色眼睛。当我一头栽进他的怀抱，头顶刚好卡在他的下巴的边缘，他用手拖起我的下巴索吻，我忍不住睁着眼睛看周围，果然，大家也为我们的吻留出了足够的空间，没人露出惊讶或疑惑的表情。

一整晚的时间，我们跟随了一辆又一辆卡车，跳舞、喝酒、扮演男女主角。天亮得不知不觉，当第二天的太阳落山，我们再次相见了。

只是几天后，他要去赶飞机回国了。

我去机场送他，说："再见。"

他说："其实我们不会再见了，对不对？"

我说："对吧，我说过那么多次的以后再见，留过那么多的各国货币，希望成为再去一次的理由，可到现在为止，我从来没有回去过任

打破： 冒险一次，重生一次

何一个地方。"

他点点头，伸手扯我过去，又像狂欢节那样在机场旁若无人地接了次吻，然后，我们删除了彼此的联系方式。

临走，他突然脱了身上的 T 恤衫塞给我，边跑向安检边说："我觉得我们会再见的，到时候穿着这衣服来见我。"

我在心里说："好。"

听沙发主说，其实很多本地人并不喜欢狂欢节，觉得这个节日只会让整个城市变得混乱，甚至有人每到狂欢节假期，干脆带着全家"逃离"巴西。仔细想想，我也确实在桑巴大道碰到了一个大哥，老婆开心跳舞，他却带着耳塞在旁边一脸郁闷。对于喜爱秩序与安静的人来说，这场全世界期待的狂欢，可能是一年一度的煎熬时日。

更多的人还是享受的吧。你可以在这一周忘记所有庸常琐碎，忘记自己，装扮成任何你想要变成的样子，小飞侠、美少女，甚至是桑巴大道上的一株西蓝花。你可以只用喝酒、跳舞、接吻来填满所有时光，哪怕派对是在大街上的臭水沟旁，欢乐的气氛也能让你踏着脏水舞蹈。

只是，当为期一周的狂欢节结束，整个城市瞬间变得安静宽敞，商场都因为狂欢节期间的疯狂消费断货严重。我呢，有点如释重负也有点失落，会想到在人群中拥抱热舞的瞬间，也怀念早上八点就被音乐吵醒的"健康作息"。

游客们说："你看这些人怎么可以这么开心。"

本地人觉得难过："狂欢节结束，我就要回到真实世界了。"

很多人觉得，巴西人赚得很少，也丝毫没有储蓄的观念，商场里几乎

所有东西都可以分期付款，想花就花，没什么规划，就算维持基本的生活已经很吃力，大家也还是愿意分期付款去买酒去娱乐。这个国家的文化里大约没有焦虑两个字，"活得开心"是唯一信奉的人生准则。

我发微博说，很久没人告诉我，活得开心最重要了。

底下有人评论，可是活得开心就没有钱啊。

到底要选择哪一个呢？嗯，还是狂欢好，什么都不用想。

热带雨林，是我来巴西的另一个盼头。

要去热带雨林，首先要到马瑙斯。这个位于巴西西北部的城市，说是亚马孙州的首府，拥有无穷无尽的自然资源，看着却俨然一副县市小城的贫穷模样。没什么旅游景点，也没有现代化大楼，大多数游客来到这里只是为了歇歇脚，短暂停留后就迫不及待地冲向雨林。当地人显然也很懂游客的心思，马瑙斯市中心的一条长街，店挨店的全是雨林导览公司，只要有异国面孔经过，就免不了明争暗斗争抢生意的戏码，你来我往的竞争下，旅游业成为马瑙斯几大支柱产业之一。

打破： 冒险一次，重生一次

2018/2
巴西马瑙斯　热带雨林

　　我提前订好的旅社算家族企业，爷爷辈创业，孙子辈接手。这家人不仅在本地发财致富，哪怕在遥远的中国旅游网站上，也能拥有前排席位。我在交团费，旁边的"叔叔"正向其他游客推荐深海鱼，说价格划算、营养丰富，还包邮到中国。

　　同团的游客里，有个第二次来巴西亚马孙雨林的意大利人，他说自己从第一次来就想死在亚马孙。我问他："你说的应该是埋，不是死吧……"他回答："不是，就是死，一定要在断气之前过来，这样自己生前看到的最后一幕就是雨林。"

　　意大利人第二次过来，带来了自己的女朋友和女朋友的兄弟姐妹，想问问他们愿不愿意过来一起死，不愿意就算了，也好尽早分别打算。我当时并不理解，他却莫名兴奋，双手握拳，胳膊用力举过头顶："太好了！又少一个人来抢我的位置了！"

　　亚马孙流域是一片错综密集的河网，水位升高时，明明是几十米的大树看起来也不过小小露头，在这种环境下，独木舟、小船和轻便快艇就成了最佳交通工具。向导开船，在丛林里穿梭，每家旅社必备的头牌项目，便是坐船观看雨林动物。很多人会提前备好望远镜，却发现根本抵不过向导的"千里眼"，金刚鹦鹉、粉红海豚、美洲蜥、树懒、大大小小的猴子、花花绿绿的鸟，动物们明明已经练就了一身在野外生存自我保护的藏身技巧，躲过得天敌，躲得过游客，却躲不过当地人。

"要不怎么说是人类占领世界呢。"

面对大家的夸赞，向导大哥突然有点嘚瑟。

可是说实话，无论是看动物，抓鳄鱼，还是钓食人鱼，都没能让我兴奋起来。在前两天的雨林行程里，我就像一个走马观花的游客，顺从地跟随向导，过眼不过心，向导可能也差不多，机械地介绍各种动物的习性，不用抬眼就能知道没见过世面的游客会给出怎样的反应。

直到要去徒步露营的第三天。

独木舟离开了宽阔的水道，到了水草密集的区域，向导需要探出半个身子，连桨加手地用力拨开面前的植物，我们才能缓慢向前，然后，再重复一次刚刚的过程。

所谓营地，更像从雨林中难得找到的空地。雨林过于炎热潮湿，每处地面都像刚刚浇过水，往里一伸（当然我劝大家还是不要往里伸），除了有可能直接摸到水，蜘蛛、蚂蚁、不知名的小虫子，也都有可能在你拿出手指的瞬间一起出现。在这样的环境下，向导用几根粗大的木头支起一片巨大的防雨布，吊床绑在木头上，蚊帐套在吊床上，就算搭好了今晚的帐篷。游客悬空三四十厘米高，还能给半夜经过的野生动物留出通道。

我呢，坚持要把自己的吊床绑在防雨布外，离营地十几米的样子，加

打破： 冒险一次，重生一次

上树叶阻挡，我好像真的把自己丢进了魔法森林，只有我一个人。吊床比我想象得舒服结实，严严实实地包裹着，晃晃悠悠，我好像重新窝进了小时候的摇篮。

现代人可能很少有机会感受纯粹的漆黑了。雨林里，头顶的树叶层层叠叠，星星的光亮得努把力才能穿透进来。每当有风吹过，树叶摩擦的声音就会从四周每个角落传来，偶尔有几声鸟叫，清脆是有的，令人恐惧的长鸣也是有的，再晚一些，我隐约听到了脚踩落叶快速经过的声响，判断不清远近，也不确定到底是人还是动物。

想着想着，我睡着了，等再醒来，大滴大滴的雨点透过蚊帐落了下来，我狼狈地拆下吊床跑回营地，向导也醒了，见怪不怪也幸灾乐祸，想笑又怕吵醒其他人，只能憋着笑帮我重新绑好吊床。

天重新亮起，我们准备离开，上船前在向导脚趾边，有一只棕色的小蛙，后背的花纹完美地伪造成树叶的样子，我蹲下身，它跳到我手上，没待多久又跳回地面，好像一个短暂的问好或者告别。

我突然觉得，意大利人的点子还不错。

当然，里约热内卢的狂欢海滩，也许更好。

印度生存法○

你听说过的那些大家视之为笑料的、避之不及的，可能都是我喜爱印度的原因。

去印度之前我就听说，从印度旅游回来的人总会很极端。一种人是对这个神奇的国家爱到不行，自己做梦都想回去不说，哪怕去一次家旁边的印度餐厅都足够兴奋喜悦。另一种呢，毕竟是亲身验证了网络流传的槽点，所有经历都变成了谈资，但凡时机合适，就会疯狂吐槽，城市混乱、"阿三"耍赖、永远离不开咖喱的印度菜。

很明显，我是前一种。

甚至每当我在社交网络上看到关于印度的偏激指责，看到一些自诩热爱不同文化的旅游自媒体在印度嫌弃到大呼小叫，都忍不住想维护一下

打破：冒险一次，重生一次

这个国家。

奈保尔说："印度是不能被评判的。印度只能以印度的方式被体验。"

我举双手赞成。

沙发主也分两种，印度沙发主和其他国家的沙发主。

很多时候，找沙发主不是一件易事，毕竟是免费入住，沙发主的市场总是供不应求，你发了几百份请求，得不到回应或者被瞬间拒绝都是常事。在印度就不一样了，从我发布旅行计划的第一刻，几十封几百封的入住邀请就填满了收件箱，沙发主们难得"争奇斗艳"，就希望能邀请到一个入住的客人。

有人选择信息轰炸。每小时发一封邀请，每封信换一个称呼，"朋友""梦中的爱人""远方的亲人"，连续几天邀请不停，当然，也不忘礼貌地道歉，他只是怕邀请被淹没，才"不得已"选择手动置顶信件。有人用真诚取胜。邮件里除了详尽的个人介绍，还附上了所在城市的交通指南、历史背景、文化特色、必玩景点，至于是亲手输入还是复制粘贴，是群发百人还是专人介绍，就分不清楚了。

下拉网站上的沙发主头像列表，带着墨镜、络腮胡子的青壮年男士占绝大多数，45 度角自拍的异域美女也不少，其中一个正襟危坐的白发老人吸引了我的注意。

老人和妻子、孩子住在离加尔各答不远的一个小镇里，孙子、孙女快十岁了，因为没什么古迹景点，几乎没有游客会去他所在的城市。他和妻

是我：你当人生不设限

子两个人努力赚了一辈子钱，也只够维系一大家子的日常生活，虽然有着让孩子们多出去看看世界的心愿，但因生活所迫，确实没有能力达成。接待沙发客就像他们的心愿稻草。写长篇大论的邀请信，竭尽所能地描写出自己所在城市的可爱和美丽，想着如果有人到访，孩子们也能通过游客看看世界，他们自己也是。

"别看我现在年纪大了，年轻时我可是骑着摩托车环游过印度的，我也很酷哟。"他在信的结尾写道。我因为行程规划拒绝了老人，他也不介意，只是希望我能多拍一些中国城市的照片发给他，回信的结尾，用拼音写着"xiexie"。

这是我和印度人民的初次接触。很显然，印度人民的热情与疯狂在信中只显示了十分之一。

印度热情的人多，骗子也多。

旅游城市里总会有人打着热情帮忙的名义敲一把游客的竹杠，这没什么特别，可"印度骗子"愿意为此投入的精力与热情总会超出你的想象。我的印度之行的第一站是加尔各答，从飞机落地开始，就仿佛经历了一次"出逃生天"。

不同的"工作人员"总想把你带到不同的计程车搭乘点，一座机场，十处位置。当我发现对方提供的位置有区别时，后来者也能坚定地摇晃着脑袋（摇头在印度代表肯定的意思）、一脸真诚地告诉我，这是新地点，机场刚改良，两个地点的出租车不一样，前者提供的地点停靠的都是黑车、都是坏人。他们总是用友谊起夸张的誓，似乎只要自己的音量和承诺略低一等，就会被别人抢走生意。好不容易坐上车，司机又开始了新一轮

打破： 冒险一次，重生一次

的"城市介绍"。

"不能按线上地图提示的道路走是因为封路了。"

"不能去你想去的餐厅因为已经倒闭了。"

"哦，另一家餐厅啊，已经爆炸了。"

我发誓，当我听到司机表情严肃地用印度英语说出"爆炸"还配上了手指开花的动作时，我几乎要笑场，可他还在继续。

"我可以给你推荐一个我家亲戚开的餐厅，好吃好吃，very good。"

一切提议都被我拒绝后，司机终于沉默，气鼓鼓地抱怨着我听不懂的话，但除了用力地从后视镜里瞪我几眼，他倒也不能做什么，只是忍不住在漫长车程中继续尝试。

"爆炸！boom！危险！die！"

汽车缓慢前行，不时被横冲直撞的人力车挡住道路，又在每一个不够精准的时机转弯急刹，漫长行程中，尖锐的喇叭声从未停止。街边楼房色彩艳丽，垃圾尘土飞扬，印度人好像从不生气也从不着急。当司机突然迷失方向，紧急刹车后吆喝着向路人问路，居然真有穿着粉色衬衫、背着公文包的上班族过来指路，车后喇叭声已经震天响，两人却聊得不慌不忙。我眼见这人人争抢先行权的狭小路段，一辆飞快行驶的电动三轮撞上了坐着两个小孩的摩托车，碰撞来得迅猛，摩托上的两个人从车上飞出，落向几米外的地面。我以为即将到来的是一场骂战，小孩的脸上也写满怒火，只见他们站在地上短暂恢复后，冲着电动三轮怒骂几句便转身离开，电动三轮的司机一边摇头晃脑，一边比出 ok 的手势，大概是认错道歉。

到印度旅行，放弃你所有受到的教育和执着，恐怕才是顺利存活的关键。

是我：你当人生不设限

2016/8

印度瓦拉纳希　恒河小船

打破：冒险一次，重生一次

接下来的在印度旅行的日子，假警察、假导游、假列车员统统出现过。

一种是团体行骗，团队角色分配完整，人多力量大。有人骗，有人劝，有人围观，负责擦肩而过的那一个总是能用大小刚好让你听到的音量接一句"是这样的，对，没错，ok"。单打独斗行骗考验的则是准备。假报纸、假传单、家里宠物的照片、小孩的视频、提前录好的新闻画面（当然也是假的），统统都是武器。骗子骗人的理由总是又假又夸张，可说出口的样子又总是那么坚定，要骗人先得骗过自己。

行骗必然是错误的，可我对印度的骗子总是恨不起来。可能是因为看到他们"性价比"极低的骗人内容，或者过于浮夸的演技反而徒生笑点，也可能是在我某次被骗去另一家餐厅后，收获了一些额外真诚的旅行建议作为报答（也许是因为我被骗得过于爽快）。我甚至怀疑，这是不是一种"行骗的生活方式"，其实他们的目的格外单纯，不过是"让你去我家的餐厅吃饭"，所以他们不介意通过一切可能的手段，哪怕花费远多于餐费的成本，也只是想达成行骗的目的而已。

对了，你听说过印度著名的"蓝色之城"焦特布尔吗？

宣传焦特布尔到精修照片里总是以一片梦幻蓝楼作为城市卖点，可等我真的到了那里，零散的蓝色加上掉色的墙壁好像也在传递着一种印度精神——差不多就得了，就是个意思。

初到加尔各答的那几天，我像刚刚开始接触世界运行规则的婴儿，一切都是那么新鲜奇特。

我在路旁拦车，连续被五辆出租车拒载，司机的反应如出一辙，看一眼我要去的地址，挥挥手，扬长而去，直到最后一辆车的司机停下载上

2018/2

印度加尔各答　街头以猴子表演乞讨的孩子向我冲来

我。他英文不错，听完我的遭遇只是骄傲地大笑："我们加尔各答人就是这么诚信，听不懂、不清楚的地方绝对不去，绝对不骗人。"

两个赤脚的小孩在街边遛小猴子，猴脖子上拴着麻绳，孩子们倒也"宽容"，放松拉长的绳子足够小猴在几辆摩托中上蹿下跳。当我举起手机拍照，小猴跳上小孩的肩膀，小孩大笑着向我跑来，默契无间且迅速。他们只为了讨要几块零钱。"我们饿了没事，猴子不能不吃饭呀。"他们说道。

餐厅老板知道我是中国人后，热情地送上一杯烤杗果汁。我以为是热情礼遇，果汁入喉感受到的却是一种潮湿腐烂的青苔夹杂果泥的奇妙味道，抬头一看，老板和员工围在我周围，一旁的客人忍不住笑出声。

"我去中国做生意，遇到一个中国人，他说要请我吃中国最棒最特别的食物，结果我一看，是臭豆腐。这次你来印度，我请你吃烤杗果！"

原来是一次跨越时空的报复。

每当我到达一个新鲜国家，都会买一套当地的服饰，作为融入的第一步。到印度也一如既往，何况满街色彩飘扬的纱丽，不仅是印度人的骄傲，更让我移不开双眼。没有女人不爱美，印度女人懂美。

纱丽店聚集在一整条街道旁，作为国民服装，不同材质、做工的纱丽

打破：冒险一次，重生一次

2016/8

印度新德里 胡马雍陵

价格相差极大，从几十元人民币到上万元人民币，唯一不变的是色彩缤纷。沙发主带我到一间三层独栋的纱丽王国，店员行动迅速，同时端出咖啡和拉茶以供客人挑选。来不及享用，我已经迷失在美丽的布料中。丝绸或薄纱，刺绣或亮片，单是一个蓝色就能被印度人分出上百种款式。说是服装，对外行人来说，纱丽就是一条长布料，全靠缠绕技巧才能达到印象中的飘逸效果，无论穿着还是整理都极其困难。店员不厌其烦地从堆叠的布料中拿出一套又一套美丽的布料供我尝试，在楼梯上来回跑动，只为找到最适合我的那一种。我也放任店员挑选比画，好奇在她们眼中，我到底是什么颜色种类。

一个小时后，裹着一条粉色纱丽的我，终于获得了所有人的赞许。略带灰度的粉红布料上嵌着金线，黑色手工刺绣点缀其间，活泼又不失质感。店内常驻的裁缝量好我的三围，用来制作上半身的纱丽短袖。店员和我交代着适合购买衬裙的商家，没错，明明是一套必备，外衣和衬裙偏偏需要在两家商铺购买，而购买衬裙也有一番讲究，颜色过深会透过纱丽映出来，过浅则起不到遮挡的效果，复杂又精妙。

等到我真的穿着纱丽出门，原本希望借助当地服饰隐身的幼稚想法暴露无遗。在中国，一个穿着长袍大褂的老外会吸引所有人的眼球，我也

是我：你当人生不设限

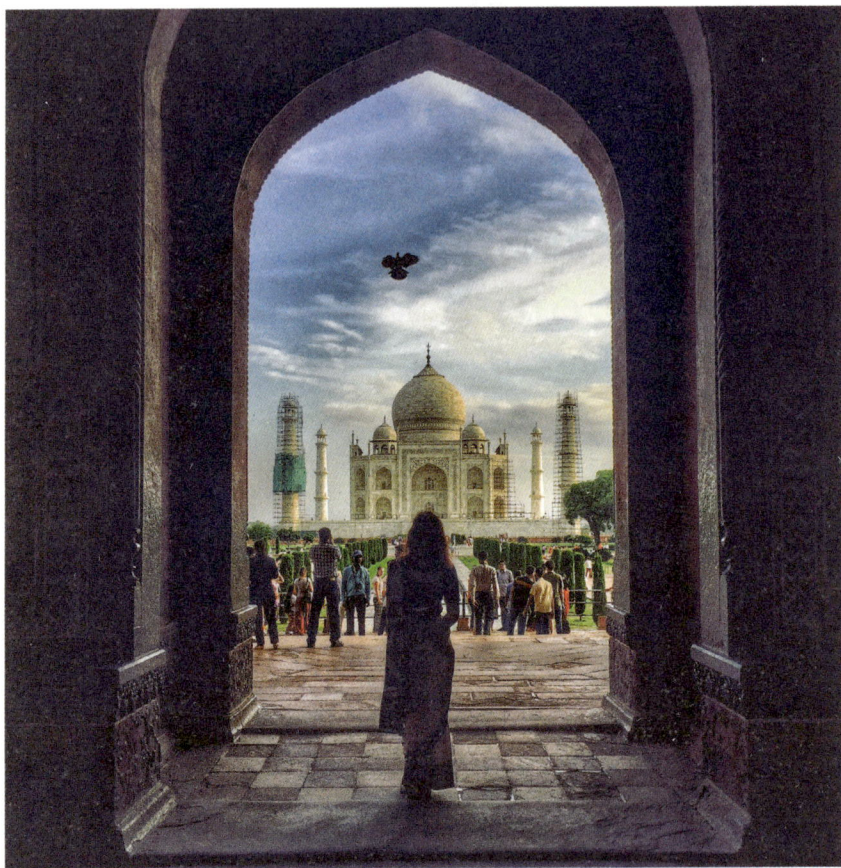

2016/8

印度阿格拉　清晨的泰姬陵

打破：冒险一次，重生一次

是。何况印度人对他人的好奇和关切从不会也不愿隐藏，面对不可知的意外和外来，紧紧盯住现在才是他们的人生哲学。直到我被印度大妈拦下，从上到下给我整理一遍穿着完全错误的纱丽，围观才有了另一层含义。

瓦拉纳西是我旅行的第二站。它是印度教的圣城，是光的城市。无数印度教徒怀着信仰来到这里朝圣，在他们眼中，恒河拥有神奇的自我洁净能力，永恒的圣河足以扫清自己一生的罪恶。更多的游客来访，却只想体验一次最极致的混乱，看本地人在早已被尸体、生活污水、工业废水污染的恒河里生活洗澡，甚至打水做饭，不过是一种观赏。

一直小心翼翼的我，刚到瓦拉纳西不久，就"踩屎大吉"，经典印度旅行项目出现，我的印度之行终于完整。实际上，在这座人、车、人力车、三轮车、自行车、牛、羊、狗……拥挤共行的城市，想要不踩到些什么，反而是件难事。站在大街上一眼望去，紧张低头、左躲右避的是初来乍到的游客，熟门熟路、轻巧绕开的是当地人，光着脚还能走得大摇大摆的，大约就是有极强信仰的朝圣者了。祭祀的鲜花紧挨着牛粪，卖日用品的小店门口拴着山羊，著名的酸奶店旁紧挨着的，是几家招牌都一样的仿冒假店，世间一切好像都能在这座城市并存，混乱且和谐。

印度教最著名的三件事：恒河烧尸、恒河夜祭、恒河日出。这些都是瓦拉纳西的特色，也是瓦拉纳西人民围绕着恒河的日常生活。

每天早上，伴随着恒河日出，第一批最为"勤奋"的印度人来到恒河。刷牙、洗衣、洗澡、打水做饭，招揽想要坐船游览的旅客。日间漫长，圣牛时常堵住去路，精致纱丽扬起尘土，更多的人在无所事事和挣扎生计中徘徊往返无从突破，一天又一天，一代又一代。太阳下山，人们一个个从

是我：你当人生不设限

　　河边离开，说起来其实是河边没有灯这样的现实理由，在宗教狂热的印度人眼中，则是因为"恒河母亲"也需要夜晚的时间休养生息，才能够更好地滋养这座城市。

　　想找到烧尸点也不算难事，网络地图定位大概位置，闻着浓烟或者跟着身边经过的抬尸体的队伍，就能找到。河边的烧尸台旁总是拥挤的，等待的、围观的、搬运木材的，专门盯紧游客看要不要付款去最佳观赏位的导游也在其中。烧尸台旁没有女人，每个人对此有不同解释，最和善的一种大概是，因为女人过于感性慈悲，容易激动，一旦忍不住哭出声，仪式的完整性和神圣性就会被破坏。但当我走在其中，没人阻拦，只是身边多

2016/8　印度阿拉格　纱丽店的老板娘叫我"我的另一个女儿，印度的女儿"

2016/8　印度阿拉格　在以贩卖手工地毯为生的沙发主家

打破：冒险一次，重生一次

2016/8 印度阿拉格　偶遇的印度人帮我整理
纱丽后的合照（左图为整理之前）

了些疑惑的眼神。

　　我早就听说印度教徒以能在恒河水边火葬为荣，认为这样会使灵魂得到净化，转世超度。来了印度我才知道，面对无法预知的死亡时间，濒死的印度教徒会只身来到瓦拉纳西，选一家便宜的小旅馆，每日看着恒河风景等待死亡。当然，千里迢迢从印度各地将家人的尸体运来"超度"的也大有人在。我试着和身边等待的人搭话，对方倒也平静，哦，我爸爸去世了，我们来给他办个仪式。我怯生生地问，能否让我参与，对方表情震惊，居然也同意了。

　　突破了死亡的回避与忌讳，我第一次在心里感慨：Incredible India（不可思议的印度）！我跟着这一家人去处理尸体，用层层叠叠的银色锡箔纸和金色缎布将尸体包裹起来。他的爸爸很瘦，抬起放下，并不费劲。尸体边放满各种黄色的鲜花，大概也有香料的作用，哪怕凑得很近，我也没有闻到传说中难以忍受的尸臭。几个人用木头担架抬起尸体，放入恒河水中浸泡、净化，再放入火堆。木材一截截地放进去，浓烟升起又落下，再也分不清哪里是烧焦的木材，哪里是尸体。我被浓烟呛得泪流满面，回过头看逝者的家人，大家的表情并没有什么异样，看起来，是真觉得自己的家人去了个不错的地方。一生的信仰，帮助家人战胜了对死亡的恐惧。

事后我才知道，这种仪式并非真的"普度众生"。每烧掉一具尸体，需要大约 300 公斤木材，根据木材的稀有程度，油烟大小，价格差别巨大，焚烧地点是路边、河边还是专用的高台，也会是完全不同的价格。据说焚烧的台子越高，说明被烧者的种姓和地位越高，说回来，大约就是能付出的钱越多。

这么说来，这家人最多算小康之家。

印度有着超出你想象的贫富差距，显然，越是贫富差距大的地方，用钱能获得的好处就越多，烧尸只是其中微小的一项。

用来祈福的大象和猴子需要给钱才会拉你的手、用鼻子触碰你的头，可贫穷的印度人还是愿意拿出积蓄，祈求来年的好运。夜祭时，坐在旁边的印度女孩一直盯着我看，忍不住伸手摸我的纱丽的边角，又在被发现时迅速垂下头，我带她去街边小摊随便买了件 kurta（无领长袖衬衫，男女都可以穿的印度传统服装），不过几十元人民币的价格，就已经赶上她一年的购衣资金了。街头的人力车，会故意将乘车人的座位弄得很高，这样乘车人低头就能看到车夫头顶，一下就拉开了乘车人和车夫之间的距离。当然，车夫也往往会适时地卖惨，在结算车费的瞬间，你总能看到他们拉拉自己满是汗渍的白色大汗衫，踢踢磨掉后跟的鞋，再伸手拨拉额前的汗水。戏做足了，话不用多说，给不给小费，就看乘车人的良心了。

阿格拉的沙发主，是个"地毯家族"的富二代，全手工的地毯挂满他家的店面，随便一指、屁股一坐，就是几千美元的价格。如果性格特征能被写在脸上，他大概满脸都是飞扬跋扈的涂鸦。

家有几辆车、几套房、几家工厂、几个用人，见面不到半小时，他就带着炫耀的表情统统向我交代清楚。我们遇到正在为他擦车的工人，只因为挡风玻璃上一块没来得及清除的印记，他就将整桶洗车脏水泼在工人的身上，工人呢，甚至不敢抬手擦去脸上的水滴，只能深深地鞠躬道歉。

初次见面的我，也和读到这里的你一样，质疑自己对沙发主的选择，恨不得立刻离这个人远远的。可是，如果按非黑即白的说法，一个对别人很差，但对你很好的人，到底是不是好人呢？

他最先提供给我的"沙发"是自家投资的一间四星级酒店，进门瞬间，就因为我自己都没意识到的嘴角抽动，被他定义为远方的客人对招待不满，转身自掏腰包，拉着我换了家更高级的酒店请我入住。带我去代售点买火车票，明码标价的车费，也因为被他念叨了几句就打了折。卖票的大哥也跟着摇头晃脑："我们的朋友开心，我就开心。"

我半推半就地接受着他的好意，第二天赶早留下纸条离开，提前去了下一站。坐上火车，收到他发来的消息，依旧礼貌且体面，甚至遵循着严格的邮件格式，我突然对自己的选择产生了怀疑。

在斋浦尔，我在街边来回走动，面对着宏伟的风之宫殿无从下手，好像无论怎么调整角度，都没办法把建筑拍个齐全。隐约听着楼上有人heyhey地叫了几句，抬头一看，是家印度古董商店。商店老板热情地邀

是我：你当人生不设限

请我去楼上拍照，说是有更好的视野，怕我听不懂，还不断用手比画着取景拍照的姿势。我心想，即使是消费骗局，只要我捂住钱包，对方也不能怎样，最多临走收个景观位的钱，我也能接受，就顺着楼梯上了楼。景观确实不错，老板带着两个员工隔空指导，不用几分钟，我就拍到了想要的照片。他们好像也看出了我的心思，再三强调，不收费，不强买强卖，如果我怕热或者对古董有兴趣，也可以选择在室内休息一会儿再上路。他们的直白打消了我的顾虑，喝杯拉茶，聊聊家常，我们好像建立了短暂的友谊。直到其中一位店员表示，他家距离我的住处不远，可以开摩托送我回去，我才意识到这友谊无比脆弱。担忧出现，我连连拒绝，偏偏又遇到出租车拒载，我还是上了他的车。

他当然有些生气。

"我家既不富裕也不贫穷，但一个家庭该有的我们都有。"

一路上，他都在不停地表达不满。

"我相信做好事会得到好运，伤害别人是会遭报应的。"

但抱怨显然不足以抒发愤怒，路过他家时，他没和我商量就开了进去。我还没反应过来，看到站在门口迎接他的老婆和孩子，心里也明白了个大概。其实他家和我的住处并不顺路，只是担心我这个外国人遇到危险，想帮忙而已。

"五根手指每根都不一样，世界上的每个人都不一样，为什么就不能相信别人呢？"

我知道自己没做错，可依旧因为自己对他的不信任而讨厌自己。

去了孟买，这一切就更明显了。

261

打破：冒险一次，重生一次

  孟买，宝莱坞的所在地，印度最富裕，也是物价最高的城市。哪怕这里的房价已经直逼北上广，也挡不住印度首富在市中心盖了座豪宅，27层，只住了自家六个人。如果说肮脏混乱是真实的印度，这里也是。

  有人把孟买比作上海，也有孟买人骄傲地说"上海是东方的小孟买"，哪座城市更加发达优秀，我没资格比较，但不能否认的是两座城市在很多方面都有相似性。孟买的商业金融业聚集，娱乐行业发达，殖民时期留下的英式建筑和常住这里的外国人一样多。工作日在城市里晃悠，碰到在高温下也一丝不苟地穿着长袖衬衫、西裤的上班族是常事。他们通常趁着午休，在街边的小摊买份零食、买杯拉茶，或者去"印度蔡澜"推荐的网红店门口排队打卡。到了晚上，高端酒店里的夜场门口停满豪车，男士正装领带一件不少，女士高跟鞋礼服裙头发顺滑，当宝莱坞舞曲响起，全场疯狂舞动。

  沙发主是家夜场的老板，也作为 DJ 办过全亚洲的巡回演出。

  他金黄头发，花臂文身，最爱的饮品是咖啡而不是传统拉茶，最喜欢的周末活动是去殖民时期遗留的建筑改成的欧式咖啡馆静静享受一杯下午茶。在他

是我：你当人生不设限

家，你看不见印度传统的艳丽色彩，到处充斥着蓝色和白色的干净色调，躺上床，连床单都充满了"现代都市"的香水味道。

我到的时候刚巧赶上他的 DJ 团队在商场做表演，我们直接约在商场见面。现代化大楼，安保严格，这里和世界上所有的商场一样，快时尚和奢侈品一应俱全。DJ 走上舞台，电子舞曲大声播放出来，人越来越多地聚集在商场中庭，下午三点，人们完全不需要酒精的催化就晃起了头，如同一场室外音乐节。我站在舞台侧面，看着前一秒还在悠闲地走路，突然就开始在商场里疯狂舞动的人群，说出口了那句："Incredible India（不可思议的印度）！"

因为有巡演临时出差，我被交给他最好的朋友照顾。比萨店一见，过于帅气的外表甚至让朋友宝莱坞编剧的职业都黯然失色。我一直觉得印度人的长相被低估了，浓眉、深眼眶、高鼻梁、瘦长脸形，每一条都是制胜武器，要说编剧朋友有什么拔尖的优点，就是干净、爱笑、少年气。纯色衣服占了他家衣柜的大半，白色更是主流，我最爱的那件文化衫上写着"creativity is my weapon（创造力是我的武器）"。我们流着汗，在孟买的大街上边走边聊，说到开心处就大笑。他笑起来的脸好像一只土拨鼠将五官聚集一处，耳朵也会无法控制地发红，真是可爱得不行。他的家里最吸引人的是巨大的客厅，一面墙放书，一面墙放影碟，中间巨大的白墙被用作投影。面对投影，没有传统沙发，床垫直接放在地板上。在他家住的那几天，我们躺在床垫上看电影看到睡着，成了最常见的睡眠仪式。

他和朋友聚餐也会叫上我，一聊才知道，我最爱的印度电影《三傻大闹宝莱坞》的幕后团队也在其中，说到中国，著名影星朱珠是他们的朋

打破： 冒险一次，重生一次

友。我差点以为这场聚会已经不能再完美了，他们却发现当天是我的 22 岁生日，凌晨一点，几个人出门居然给我端回了一块蛋糕。

一问，是他们敲醒蛋糕房师傅的门，强迫对方一定要拿出来给我的，我又有些不知所措。

孟买没有明显分区，摩天大楼紧挨棚户平房是再正常不过的排列组合。你可能刚刚震惊于街边垂死的流浪汉，转头就遇见印度最出名的明星。最棒的英文舞台剧目会在这里巡演，贫穷的本地居民却只能依靠老式收音机获取外界的资讯。待得久了，我甚至发现流浪狗在这里都有一套自己的生存法则。有人经过身旁，狗子们通常选择目不斜视地擦肩而过。但要是有人主动释放善意，它们会立刻趴下，将头低低地搭在爪子上，抓紧时间享受难得的抚摩。碰上想要欺负自己的人，它们会立刻侧躺，伸出舌头，假装自己已经死去。没有反抗和恐惧的暴力大约总是无趣的，这一招常常会帮助它们逃过一劫。

街头小吃的油炸香气会和尿臊味同时出现。刚下班，穿着全套正装、使用苹果手机的礼貌白领，一抬脚，皮鞋踩向路边的石阶，仿佛是一种我不曾了解的信号，旁边头发花白的赤脚老人弯腰过来，从布袋子里掏出工具，娴熟地擦起了鞋。

也不得不说到，孟买最"著名"最逃脱不了的标签，还有（曾经是）亚洲最大的贫民窟——达拉维。住在城市里的我们，努力是为了变成更好的自己，而对住在贫民窟里的人来说，努力是为了活下去。

出于安全考虑，我报名参加了一家叫"Reality Tours & Travel"旅行社的贫民窟游览项目去达拉维。近三个小时的步行游览收费 90 元人民币。官方数据显示，在这个不到两平方公里的地方居住着近 60 万人口，可这里远远没有满足贫困人口的居住需求。据说，从 2011 年开始，仅孟买就已经有四处贫民窟的规模超过达拉维。

木板和塑料搭成墙壁，房顶再铺上一大块防雨布，达拉维人的家就在这里。地上铺着床薄褥当作卧室的房间隔壁就是堆满了皮革碎屑的加工厂房，即使噪声震耳，吃着棒棒糖的小孩也还是一脸淡定。狭窄路面上泥水和垃圾混合在一起，在厕所是稀有资产的这里，你很难分辨地上是生活废水还是任意排泄。所谓房门，是一块耷拉着的布帘，只要有一点风吹动，无论是正在哺乳的妈妈，呆坐的老人，还是在破布或者报纸上打闹的孩子，外边都能看得一清二楚。

旅行社的导游再三提醒，保持警惕、不要拍照、看好钱包。

"也许你觉得这里的生活难过，但其实，还有更多印度农村的人从四处赶来，在达拉维打工以改善家人的生活，在达拉维处理皮革塑料垃圾的收入，已经是他们原来收入的三四倍了。"

按我们习以为常的大城市的生活标准来看，绝大部分印度人的生活确实有些水深火热，但他们又总能带着一些逆来顺受和娱乐精神继续生活。

网络盛传的人山人海扒火车的场景我没见过，可无论公交城轨还是火车，明明车厢空旷，也总是有人喜欢站在车门边，忍不住把头、手、脚伸出门外吹风。就算碰到突然经过的障碍物，紧急把手收回，也能跟着大笑起来，只当收获了额外的快乐。更不用说，每到一站等不及交通工具停稳就抢着上下车的人，真有那么急吗？大概更多也是图个乐子。

印度人喜欢拍照，尤其喜欢和外国人拍照。

走在路上被人叫住拍照很正常，要是你还愿意停下多聊几句，不出十分钟，就能有一圈人站定围观。穿着纱丽单肩扛水桶的大姐、买菜经过的小孩、从兜里掏出望远镜的大哥，先是第一个人走近，礼貌又客气地询问是否可以合照，我刚点了一下头，就像触发了"同意按钮"，人群突然靠近，每个人都举起手机开始和我自拍，我也举起手机，六七个人，每个人都朝着不同的方向看去，等添加 whatsapp 账号传照片，照片发送成功的下一秒，对方头像就变成了和我的合照。

抬头看，千人洗衣厂上方天空的颜色只和今天洗的衣服的颜色有关，但也有小孩用手指比画成取景框的样子仰头拍照。

直到今天，印度很多地方还在沿袭包办婚姻的传统。我很不解，也对这种传统深感厌恶。

可当和印度朋友聊天，询问他关于自己被包办婚姻的看法，他却说："我的老婆是爸妈介绍的，她也是我的第一个女人，自由恋爱？为什么自由恋爱就一定好呢？我不想有比较，不想自由恋爱后回顾以前发现自己还是怀念过去的人，过去的好。我看着面前的女人，知道我必须爱她，我也会爱她，这是一辈子，这就是永远，印度很少人离婚，因为这就是那个人。为什么会爱上别人，这个女人会填满我的心，填满我的胃。只要我是满足的，我就不会看到其他人。如果说我是动物，那我已经失去了我的求偶能力。我相信，如果有一天我想找其他人了，那一定是我们的关系出了问题。问自己才能找到答案和解决办法，问别人有什么用？我想我每天回家，看到我的女人和孩子都在，那才是我快乐的开始。"

听到这话我震撼又感动，原本看起来受到极大束缚的包办婚姻，在他眼里是快乐。爱情这东西，谁说得清呢？

又或者，大概因为生活本就充满艰难，印度人干脆养成了不管不顾勇于尝试的性格，我们心中的不可以，都是他们活下去的武器。

我们总说旅行时所遇到的不是真实的世界，可谁能说这不是一种真实呢？

德里的沙发主给我取名为 sonakshi，翻译过来大概是金子一样的女人。他无意表扬我的珍贵或者美丽，只是听到我刚到印度没几天，因为三轮车司机临时涨价，我选择跳下车当街指责对方而不是认栽，他就说我是一个金子般强壮的女人。

"You are an india player already.（你已经是一个印度玩家了。）"

2016/8

印度杰伊瑟尔梅尔　沙漠边缘

打破：冒险一次，重生一次

你好，

美腿大哥

那时我 17 岁，没钱有胆子，揣着 5000 块就计划走一圈中国的沿海线。省钱完成旅行是第一诉求，安全之类的都得往后排，就和现在时常被抨击的穷游女生一样，我胆大得有些不管不顾。那也是我第一次来北京，第一次做沙发客。

2012 年，国内用沙发客网站（couchsurfing）的人还不多，网站上沙发主奇缺，狼多肉少。本着坚决不在住宿上花一分钱的奇怪旅行原则（坚决不提倡），我开始尝试通过一些看起来不那么专业靠谱的途径寻找沙发主，比如豆瓣。

率先发来豆邮的是个三十多岁的东北男人，我翻遍他的账号都找不到一张正脸的照片，手啊腿啊拍了不少，居然也还挺好看，在最近发送的状

是我：你当人生不设限

态里写着，他 180 厘米，居然穿下了优衣库最小尺码的女士休闲裤。在我们的前期沟通中，他说话直接且干脆："我家只有一张床，沙发你睡不下，你要过来睡，只能躺一张床了。"我大概也是被贫穷冲昏了头脑，面对这能找到的唯一的免费住处，哪怕心里暗暗觉得事情不太妙，还是硬着头皮前去他所住的小区。

晚上七八点，我远远地看到，一个人走了过来。他真的挺高，但有一点驼背，极其瘦弱的身体好像根本就撑不起那一身好像桑拿房款式的宽大睡衣。圆的很有喜感的眼镜，配上一张完全说不上帅的脸，看起来倒似乎毫无威胁。

我跟着他走，有一搭没一搭地对话，说来说去无非是"为什么想来北京啊？""之前还去过哪里旅游啊？"之类的肤浅问题。能看出他的尽力热情，只是我因为恐慌实在无法顺利对答。走进家门，一个面积不大、方方正正的开间，物件摆放过于整齐使整间房间显得空旷，少了点"人气"。顾不上还在介绍房间的他，我用最快速度简单洗漱，就迅速钻进被窝，用一种近似瑞士卷的形态用被子包裹着自己，我想着快点入睡就能感觉安全，紧紧地抱着被子，紧紧地贴着床边。不知道那时他会不会看着我发笑，既然那么怕，为什么要来陌生人家里住啊。

或许只有当食物填满整个胃部，人的内心才会变得平静和满足，所以大家谈生意、谈人生总是少不了吃点什么。在他家住的第二天，我和这位"美腿先生"相约去一家日式料理店共进晚餐。当我们无视服务员惊讶的眼神喊出"先来十盘鳗鱼寿司、十盘三文鱼寿司"时，气氛突然就变得微妙和谐了起来。

打破: 冒险一次,重生一次

当我说起自己感情经历的匮乏时,他立马扛起教育大旗,向我普及了我当时完全陌生的两性真相,还不忘配上案例,间歇性地炫耀着他永远面向 25 岁以下女性的超强人格魅力。

"如果一个男人因为长期出差到你的城市而找你,最好拒绝。因为想与你发生关系而特意来到这个城市跟他由于工作不得不来到这个城市,这两种完全不一样。后者你只是他缓解工作疲劳的一个手段。想要你的男人会翻山越岭地去见你,而不是把你当成一个定点服务站。

"一般对你说自己是国安局的,工作要保密;或者说是飞行员,常常要飞;或者说他方便的时候会找你,你别主动找他的男人,都是当你人傻时间多,他方便的时候就是他想和你发生关系的时候,仅此而已。哪有特殊工种的人到处和别人说我工作特殊的?还有那种不好好说分手,对你说'公司要派我去南极出差'的男人,再也不要相信了好吗?

"爱是最好的春药。"

感觉咣当一下,我打开了新世界的大门……

我听得津津有味,但也不免怀疑他的这番讲述背后的真实动机。可还没来得及细想,他就已经开始打开手机的下一张照片给我讲述下一段人生哲理。

"来,我跟你探讨个关于搭讪和吸引力的学术问题。女人被男人搭讪不需要沉淀内容。也就是说,男人对女人感兴趣不需要知道你有趣与否,或者你这人到底是不是有深度,几张照片,甚至微信头像就足够了。大部分男人想认识女人则非常需要沉淀内容。除非你是高富帅,几张自拍和车就搞定了,形式就同女人一样了。而大部分外表和经济情况没那么光鲜的

是我：你当人生不设限

男人（例如我），就需要展现外貌和金钱之外的东西，女孩看了才会对他感兴趣，例如他人是否有趣？性格是否好相处？品位如何？这些是几张照片、几行文字介绍没法实现的，所以基本需要通过之前写的文字、看的电影、听的音乐、读的书这些有深度的内容来展示。也就是说，女人自拍就能搞定的事，换到大部分男人这里就变成了你必须大力研修写作技能、摄影技能、品鉴音乐和电影的技能、伪装的技能。你可以反驳说：'不对，第一种情形是肉体吸引，第二种情形是情感吸引！但是你觉得真的能把吸引力这件事剥离得这么清楚吗？所以这是不是可以说男性比女性更肤浅？看重的东西更表象？或者反过来说，大多数女性没那么有幽默感和有深度，都是被男性逆向选择的结果？'

当时的我只顾着点头，没听懂太多，却也从大哥认真普及的眼神中，开始相信他单纯的教学欲望。

"我能有今天，还是要感恩互联网。"

虽然事后据大哥说，他出小区接我时，眼睛只被大且晃眼的胸吸引，不过凭借着"面对着王屋与太行，凭的是一身肝胆"的气魄，还是什么都没做。

总之，那天过后，我和这个和我生日只差一天，年龄却差了一轮的人成了朋友。可能我小时候爱交朋友、爱认亲戚的毛病长大也没改过来，我开始叫他哥。

"妹你知道吗？我找女朋友的前提是，在别长得就让我倒退的前提下，让我爱上你的人格，现在找一个有趣的女人比找一个 F 罩杯的难多了，妹你得记着，成为一个有趣的人比别的什么都重要。"

打破：冒险一次，重生一次

"好好好，哥。"

其实我没听懂，但也记在了心里。我继续前往旅行的下一站，这个我叫哥的男人，成了朋友圈中并无特殊的点赞之交。直到两年后，我再次来到北京，又一次因为住处发愁。

"哥啊，我能去你那里住几天吗？"

"没问题啊！只是……你还记得……我家只有一张床吗？我妈也过来看我了……所以……如果你不介意……咱仨睡的话……"

一米八的大床，睡三个成人显得异常狭小，左边是哥的妈妈，中间是哥，右边是我，画面诡异。

更令人惶恐的是早晨我睁开眼睛，发现哥在睡梦中无意将手臂搭在了我的腰间。我缓慢地转身，试图在不吵醒大家的前提下，将他的胳膊移开我的身体，可我刚转头，就看见哥的妈妈，用一手撑头的姿势侧身躺着，带着一种我刚走进他家门时就已经出现的神秘微笑，慈祥中夹着骄傲自豪地看着我。

"你们不是说只是朋友吗？"

也是这天，哥临时要出差，一边收拾行李一边不放心地交代半天，不知道让亲妈和干妹独处一室能整出什么幺蛾子，倒是他妈，哼着歌，充满了对儿子离家的喜悦，一脸嫌弃地催促他出门。

"你走吧走吧，我又不能吃了这小姑娘。"

然后在门关上的一瞬间，欢天喜地地拉着我坐上沙发，剥着橙子，从儿子小学的获奖，到初中的努力，再到大学的拼搏，所有优秀事迹一个不落地讲了一遍。

是我：你当人生不设限

"你……喜不喜欢我儿子啊？"

她终于问出口，我打着马虎眼："就朋友啊，朋友。"

哥平时工作忙，从东北过来探望的妈妈也人生地不熟，哪儿都没去过，只是在家做饭看剧。我提议带她一起出门，她没正面回应，却冲到衣柜前挑起了衣服。从天安门、什刹海、南锣鼓巷到西单大悦城，她从"外面东西脏啦，不要乱吃啦！"变成了："你看！那个好好吃！你要不要吃！我们去尝尝吧！"

一个快 60 岁的老太和我在大街上手拉手闲逛，举着冰激凌蹦跶着拍照，像个少女。又抓住每一个等待电梯、红灯、出租车的瞬间，回想起自己的"母亲角色"，拉着我念叨自己儿子的好。

"你到底喜不喜欢我儿子啊？"

这个焦虑的老母亲，拉着我问了一次又一次。

倒也不奇怪，2014 年，哥已经 32 岁了，一个在世俗标准里早该进入稳定生活阶段的年纪，哥还像一个对世界充满奇怪热情的孩子一样，喜欢自由，喜欢刺激，不甘于平淡的生活，更不愿被婚姻束缚。

哥最大的爱好不是赚钱，更不是车和房，而是要搭上工作收入的在当时略显小众的爵士乐。

在没有任何外界资金支持也并不赢利的情况下，哥一年 365 天不停地默默更新着一个介绍爵士乐的公众号，甚至还想自己掏钱尝试做一款普及爵士乐知识、分享爵士演出信息的 App。哥买了一摞爵士乐的书籍，像一个即将面临高考的学生一样学习、补课，画下横线、记笔记。

打破：冒险一次，重生一次

我第一次看爵士乐现场表演也是被他带去的。

旁边座位的女生一脸幸福地和男友入场，开场后没多久，就只剩满脸无奈，随时要睡着的样子，是真的没兴趣。当男友转头看她，又像一个被抓包的小孩，尴尬地笑笑，打起精神。哥呢，则是全场优等生的样子，挺直着腰板，全神贯注，好像随时准备回答问题。他的身体跟着节奏轻轻晃动，脚打着节拍，俗气地说，眼睛里有光。

"过了 30 岁以后，我越发感觉到，一个男人能拥有一个与女人和金钱完全没有关联的纯粹的爱好，是多么值得庆幸的事情，别人通过爵士乐泡姑娘，我通过泡姑娘普及爵士乐。"

哥也没什么大志向和事业心，天天惦记着要离开北京去成都那个慢悠悠的城市养老，却又对生活带着一种执拗的强迫症一般的较真儿。

楼道里堆着发臭流水的垃圾，看不过眼的邻居选择摆上一块纸牌，上面写着："把你家垃圾扔到该扔的地方去，不然我就拎回你家门口，臭不要脸。"

几天过去，垃圾和纸牌都在，哥干脆跑过去仔细查看，发现垃圾里有房号和主人的名字，写牌子的人看来并不想真的把垃圾拎回去惹麻烦。于是，哥就真的把所有垃圾拎回了原主人的门口，然后把牌子正对着房门放了下来。

"报应不爽，不能靠写，要靠做。"

是我：你当人生不设限

　　想想这些，听着哥的妈妈对自己儿子的夸奖与嫌弃，怎么想都觉得这人不算是传统意义上的"好人"，却有太多让人会心一笑的小事。对所谓有趣的人，我第一次有了大致的轮廓。

　　回去躺在床上，哥的妈妈帮我掖好了被子的边边角角。

　　"好好睡，明天我儿子就回来，挤死了，真讨厌。"

　　等我再睁开眼睛，除了已经早就做好的早餐，还有哥的妈妈满眼的微笑，还有怕我吃了冷，放在暖气上早就暖好的橘子。

　　突然就希望这里是我不用离开的家，但想想，好像离开了也无所谓，反正已经存在心里了。

　　2014 年的跨年夜，我按原定行程离开。从家里走出，上地铁，去机场，一路遇到的所有乞讨者和街头艺人，我都给了钱。我自觉接受了太多好意，总得找点什么方式去谢谢这个世界。我算好零点的时间发微信给哥："新年快乐呀！记得要好好抱抱这么好的妈妈，也替我抱抱。"

　　"哈哈哈，我去抱啦，她被我抱傻了，后来我说是你让我抱的，她就笑了……"

泰式疯狂。

2013 年去泰国，是我人生第一次踏出国门。

放在现如今，签证便利、物价便宜的泰国，随着前往人数的极速上升，已经算不上"值得称道"的目的地，摆在出行经验丰富的旅游达人面前，甚至不亚于去北京石景山游乐园来了一次周末旅行，可对那时的我来说，绝对算得上意义重大。

曼谷是第一站。

就像无数旅行指南中宣传的那样，这座城市似乎生来就带着一种悠闲与亲切。匆忙出行的旅行者永远不用担心遗漏生活物品，每百米就有一间 24 小时便利店，随时可以为你服务，同时送上清凉。无论是城中还是偏僻区县，便利店的另一重意义恐怕是造福流浪狗。曼谷的流浪狗很多、很瘦，炎热天气下，随时开门的便利店里释放的冷气，就是它们的生存法宝，它们不能也不需要走进去，躺在门口，毫不在意身边的来往脚步。悠闲国家，一以贯之。现在回看我初到曼谷的照片，除了曾经充沛饱满的苹果肌，脸上从不消退的透亮油光简直成为此次旅行的标志。

令人惊讶的，其实是曼谷的繁华。几年后，我带着外公外婆第二次来到曼谷，从进入第一座商场，他俩对国外生活水深火热的坚定认知就立刻松动了。在曼谷的中心区域，忙碌的城市轻轨连接着大大小小的购物商场，藏起了各国时尚也放进了老少皆宜的大型水族馆。

而当我初次抵达，从曼谷市中心最热闹的暹罗站下车，步行可达的沙发主家仿佛也在印证着类似的繁华。沙发主是曼谷本地人，因为在中国有自己的手表和球鞋工厂，中文也精通。他在市中心的别墅就是生意红火的

泰国清迈　准备水灯节表演的学生们 **2013/11**

证明，上下三层，通通由用人打理，哪怕在曼谷这个闷热的东南亚城市，能生火的壁炉也精心修建在客厅。在他家，我不仅拥有独立房间、独立卫生间，电视冰箱按摩浴缸也配得齐全。冰箱里塞满了饮料酒水，怕以为是收费的迷你吧，主人还贴心地写好便利贴，让来客安心免费享用。

2013/11
泰国斯米兰岛　偶遇寄居蟹

"上天让我发财，这是运气，我用免费招待客人来回馈上天。"这是他对这"豪华沙发"的解释。

我不相信有人会讨厌曼谷。

街头的按摩店永远热情，招牌上令人心动的价格永远放大加粗，进店躺下，按摩师用力推拉，旅行的疲惫也瞬间消失。令人惊奇的是，怀孕期间我又一次来到泰国，那时我的肚子还不明显，四肢也并未发胖，套上宽大的短袖，几乎没人能识别出我的孕妇身份。只有街边按摩师，握住我的脚掌轻轻抚摸几下，就赶紧询问我的怀孕状况，怕稍有不慎影响到宝宝的安危。我觉得惊奇，连换三家店，居然都能在身体触碰瞬间被发现，奇妙又惊喜。

是我：你当人生不设限

穿着校服短裙的女生，面对游客的镜头总是一边逃跑一边灿烂大笑，露出满嘴花花绿绿的牙套。街头碰上的金发碧眼的外国游客，大概率都是人字拖、短裤加大背心的曼谷时尚标配。不知是不是满街的美食诱人，就连传说许愿灵验的四面佛，也在这座城市放下了架子，善男信女们不需要去深山庙宇中展示诚意，马路旁边、商场隔壁，祈求爱情顺利的人看起来最多。当我被街头印着虎头的佛牌吸引，刚拿起仔细欣赏，就被路人大妈从手上抢走再放回原处。她大概看出我是个宗教门外汉，只图好玩，却差点购买可能招来奇怪运势的信物。

当然，在曼谷也逃不过恼人的交通，但面对着当地人习以为常的悠闲态度，大城市的焦虑感反而显得有些不合时宜。如果你在每一个堵车处

泰国　游览碎片 **2013/11**

打破： 冒险一次，重生一次

或红灯时观察司机，会发现他们干什么的都有，和邻车的司机聊天、冲路过的美女吹口哨，甚至，如果刚好遇见街边的佛教神坛，他会立刻双手合十，指尖贴着下巴，不错过每一次祈祷。"jai yen yen（慢慢来，不着急）"，他们总这样说。摩登城市混着烟火气，说的大概就是曼谷。

芭提雅，是我行程的第二站。

比起曼谷的年轻活力，白天的芭提雅就像一个被宿醉拖垮的老年人，懒散、疲惫。海滩和城市一样，因为狂欢留下的酒瓶、垃圾和奇怪物件，显得格外脏乱。我好不容易寻到一处干净的地方坐下发呆，除了来往小贩推销，男人们过分干瘪直接的搭讪也千篇一律得有些无趣。

"alone？ from？ name？ wanna sex？（一个人？ 从哪儿来？ 叫什么？ 想要性吗?）"

芭提雅的沙发主是个俄罗斯男人。高纬度人民对温暖的气候总是狂热，他带着自己的妻子和朋友，毅然决然地集体移居泰国，只装满了一冰箱的俄罗斯巧克力来缓解自己对家乡的思念。我入住的第一晚，就像和大多数沙发主初见时一样，大家都保持着面对陌生人的礼貌和克制。主人简单地介绍房屋，准备床品，我们互相祝愿对方有个美好的夜晚。也是这第一晚，凌晨一点，我突然感觉到身体被剧烈地摇晃，惊醒后发现，不是什么地震之类的自然灾害，是沙发主的妻子和另一个俄罗斯女生，一边兴致勃勃地摇晃我的胳膊，一边对着我笑。

"来芭提雅睡觉你还不如回家！"

谁知道是不是夜晚带来的神奇功效，不过短短几个小时，初见的礼貌和克制就已通通消失。

是我：你当人生不设限

281

打破： 冒险一次，重生一次

　　睡眼蒙眬的我，被拉起来梳妆打扮。我就像一个无骨的洋娃娃一样坐在她们中间，任凭摆布，没用 20 分钟，做好"妆发造型"的我，站在她们中间好像也变成了一个俄罗斯女人。卷曲头发，加粗眼线，用全黑的包身裙勾勒出身体的曲线，浓重的轮廓阴影让五官鲜明可见，再蹬上一双高跟鞋，算是装扮结束。

　　其中一人打开冰箱拿出巧克力塞进我嘴里："这是出门前的最后一步。Let's go！"

　　我穿着短裙，跨上了前往夜店的摩托车。

　　走进夜店，要经过一条长长的门廊，灯光从四面八方的奇怪角度打下，不放过你身体上任何一处还没有活跃起来的皮肤和细胞，音乐随着你走入的深度不断变化，灯光也随之改变。过道不算宽敞，但两边不时有男女拥吻或者靠着墙角聊天，有人经过时不避讳也不烦躁，只是更加灿烂地笑笑，移出位置，再回到自己的世界。我猜这是世界上最棒门廊的最棒夜店，虽

是我：你当人生不设限

2013/11 泰国曼谷 摩天轮夜市和嘟嘟车

然我大概是带着新手入门的美化光环。

我极力压抑着自己的慌张，学着身边老手的样子，抬手干杯，直到身体发热、头脑发昏，就冲去舞池，随着节奏，高抬双手，跟着陌生人的姿势跳舞，而当我改变动作，身边人也学着我，对视一笑，大家就算认识了。当然也有人揩油，但明显已是夜场老手的沙发主老婆，总能在第一时间笑笑拉过我，冲对方摆摆手，对方也识趣走开。

"这姑娘可不是没人罩。"

从那天起，我们在凌晨时醒来，冲向另一个刚刚天亮的世界跳舞，哪怕已经快到体力极限，也还要再挣扎一下，绝对不能承认自己对舞蹈的热情输给了在场的任何一个人，直到精疲力竭。这就是所谓的芭提雅精神。

几天下来，我也开始坚信，芭提雅是我见过的外国人"含量"最充沛的城市。相对于欧美国家，泰国的物价绝对称得上低廉，而海边小城芭提雅比曼谷又低了一个档次，无论是退休还是逃离繁杂，这里都是性价比很高的选择。在街上，年长的西方男人配上一位本地的中年女人是最常见的

打破：冒险一次，重生一次

组合，俩人或牵手或搭肩，动作亲密但似乎很少交流，多观察一会儿，你甚至可以清晰地感受到两人之间一条透明的交换通道，女人带来陪伴和温暖，男人负责食物和房屋，各自匮乏所需都被对方精准呵护。年轻人也多，只是对他们而言，泰国的生活更像一种释放而非填补。租赁汽车的商铺会因为你长着一张外国脸就放弃对驾照的要求，但大马路上横冲直撞的、医院里把石膏腿高高举起的，也都是老外。人们默许游客花心，也接受游客疯狂。所有人都清楚，只要等大家返回自己的国土，就会变成另一个人、另一种模样。

只是，当我面对一边躲避骚扰一边性感舞蹈的、有些精疲力竭的脱衣舞娘，却无法在她那里感觉到快乐。她大概真的累了，手一滑就从钢管上栽了下来，我刚巧坐在舞台边，抬手扶了一下她的胳膊，她抬眼看我，性感消失，满眼都是谢意。从舞台下来后，不知她从酒吧哪里变出一杯牛奶，从身侧推给我，就像推来了一杯鸡尾酒，轻轻撩起我耳边头发说句让我也注意安全，仿佛一次性感的耳语。可能，毕竟这是芭提雅。

我为这里的放肆快乐沉浸，直到在芭提雅的最后一天。

家里没人，躺在沙发上的我，对下一站清迈的期待和对芭提雅的不舍通通都冒了出来。来芭提雅睡觉我还不如回家。都最后一晚了，再出去逛逛吧，再去看看这个灯红酒绿的城市最后一眼。我放下手机、相机，不想被其他消息打扰，只把现金和卡带在身上。

我逛了逛海边，看了看海边每五米一个的妹子们，穿过从酒吧街走回沙发主家的路上，突然有种穿过喧嚣走向宁静的舒畅，想象初到芭提雅时的满心厌恶，已经是很遥远的心情了。我特别清楚地记得，夜里站在繁华

是我：你当人生不设限

的路中，我还抬头看了看天空，两旁的音乐吵闹，灯光摇曳，可我居然还能清楚无比地看见天上零散存在的星星。可能要求有点低，我一直觉得，只要抬起头就能看到星星的城市，总是比较幸福的。

可这种舒适没有超过十分钟，我走到某个暗处小巷，突然就冒出来一个人，抬腿冲着我的肚子就是狠狠一脚，然后死死地把我按在路边的墙上。我完全来不及反应，只记得低头看到一把比水果刀稍长一点的刀，被他从口袋掏出，瞬间就比画在我的脖子旁。原来，电视剧没有骗人，刀在夜晚的特定情况下，看起来真的是……锋利得闪闪发光。浓浓的酒气，浑浊的印度英语。

"Money!! All!!（钱！全交出来！！）"

语气不容拒绝，刀子也越贴越近……

我的大脑一片空白，只剩下条件反射的掏钱动作，近800元人民币的现金和存着我所有的钱的银行卡都乖乖掏出交给了他。他挺开心，但也不忘重复检查一遍我身上所有的口袋，顺势摸了一圈我的身体，凑近过来，亲了我脸一下。

"Thank you baby.（宝贝谢谢。）"

胡子很扎，笑容灿烂得有些无法无天，他拔腿跑了。

这是我在泰国的第六天，按照原定计划，我还有20天的行程需要完成，除了已经买好的去清迈的车票，我什么都没有了，或者说，我还挺聪明，放下了手机和相机才出门。我抱着包坐在去清迈的大巴车上，一边抹眼泪一边发朋友圈说了刚刚的遭遇，中心思想是"我很惨啊快来安慰我啊"，不知道什么环节出现了错误，故事发布在朋友圈的瞬间变成了段子，

打破：冒险一次，重生一次

也变成了我收获的点赞量最高的一条。

我更难过了。

我也想过要去大使馆求救，却不想在旅行刚刚开始的日子就被遣返回国，还想过去打黑工，但这大概会是我走投无路后的下下之选，坐在清迈街头的路边石上，我困惑发呆，不知道该如何是好。

我看着远远走来一个穿着花裤子、白背心，扎着脏辫，充满吉卜赛风情的男生，不知道是哪里来的勇气，也不知道为什么在人来人往的街道偏偏选择他，就好像抓住了一根救命绳索，我冲上前去，拦住他就自顾自地讲起被抢的遭遇。没什么直视对方眼睛的沟通技巧，全程我都耷拉着脑袋，就怕一抬头看到对方露出那种面对骗子的鄙视眼神，直到故事讲完，我怯怯地说了句："你……可以借我钱吗？"

"OK."

我才敢抬头。

他笑容明朗，看着我发傻的样子既同情又好笑。去街角取款机的路上，我不断出示着自己各种各样的证件，不断保证可以让国内的朋友立刻转账还钱，他也只是"Relax, relax, relax（放松，放松，放松）"地重复。我们有一搭没一搭地闲聊，他没有继续询问任何关于抢劫、关于还钱的细节，反而像刚刚认识的朋友，聊天气，聊爱好，聊泰国到底有什么好玩。取款机里吐出了 10000 泰铢（约 2000 元人民币），他递给我，问我够不够的同时，取下了他脖子上层层叠叠项链中的一条，一个坐在莲花上的大象。他说这两个都是泰国的吉祥物，你要带着它，你一定要平安。

扪心自问，不知道是不是被地铁站借几块钱搭车的骗子欺骗过太多次，换作是我，或许没有勇气就这样掏出钱来给一个陌生人。可在接下来的日子里，一个同样来泰国度假的美国人、一个和我一起在普吉岛学潜水的上海人，也都选择了相信我，借给我钱，帮我完成了这次旅行。

我也一路都在想，这种萍水相逢之中的信任，到底是为什么？

"因为你看起来不像骗子啊！"最后借我钱的上海人告诉我。简单干脆的理由，少了点说服力，倒也合情合理，信任本来不也是这么一种玄妙的存在吗？

如果人与人之间的信任能用分数来衡量，满分 100 分，负数也存在。

那零分，可能是大多数人在面对陌生人时的第一次举牌，萍水相逢，没有共同经历也没有相互了解，合情合理。还有一部分人，会将分数降至负 100，以达到对自己的最大保护，苛刻了点，倒也谈不上错误。

我在旅行中遇到过很多好人与善意。

为了哄我开心一路唱歌的三轮车司机；邀请我免费体验印度美食、参观厨房，只是为了改变中国人对印度饮食的看法的餐厅老板；从另一个省份赶来，只是怕我一个人待着无聊的马来西亚女生。

都说陌生人的善意不值钱，毕竟成本低、影响小、持续时间短，可我也确实从这些零散的善意中渐渐学会了"高分信任"——将信任直接调至 100 分的高点，再随着双方交往不断调整分数的相处之道。

人类都差不多，敏感聪明又极其懂得为自我谋利。相处伎俩、沟通套路大同小异，看起来好用，却也总是容易被拆穿、被发觉。同样地，面对一个完全真诚的人，只要你不是内心过于冰冷扭曲，总能感受到，并给予或多或少的回应。人总是不愿意先敞开心扉，那么就由我先来。

287

打破： 冒险一次，重生一次

有人说："我们为什么需要爱？因为你不会突然很有钱，彩票中奖的机会是千万分之一；不会突然很美，基因无法改变，整容需要时间；不会突然非常健康和聪明，没有这种药。可是我们就是能突然爱上一个人啊，全世界的星星同时落在你头上。在爱中，最平凡的人获得的喜悦和幸福，和世界首富或环球小姐获得的是一样多的。"

那么为什么我需要自己出去旅行？因为我们永远都被教导不要和陌生人说话，不要接受陌生人的糖果，这个世界很危险，还是乖乖待在家，保证自己的安全才能不辜负父母十几年的养育之恩。旅行是要承担风险，你也必须学会保护自己、照顾自己，但是在危险随处可见的旅行路途中，意外遇到的温暖与爱，也会让你觉得整个世界都冒着粉色的泡泡笼罩着你。真诚地去面对所有人，收获不期而遇的温暖与爱，或许这是旅行让我最着迷的地方。

也是生活让我最着迷的地方。

沙发冲浪 全攻略 〇

这篇里，我想和你聊聊沙发客，这种其实已经不再新奇地挑动大家敏感神经的旅行方式。

简单来说，沙发客是一种"交换"。

当地人把家中的空闲区域腾出来给你，希望能坐在家里就认识到全世界最有意思的人。你背着包去旅行，免费住进当地人的家里，付出你的过往经历和满满热情。而当你回到自己熟悉的城市，成为游客眼中的当地人，贡献出自己家中的一个小角落，回馈世界，认识朋友，打开新世界的大门，也成为可选项。

打破： 冒险一次，重生一次

"沙发"只是一个代名词，你可能住进别墅皇宫，也可能窝在贫民窟地下室；也许会拥有两米宽的柔软大床、按摩浴缸、独立卫生间，或者仅仅是一张爬有虫子的床垫，一切皆有可能。

我和沙发客旅行方式的相识，来源于一个中国台湾女生在毕业间隔年时在欧洲各国住在不同的当地人家，从而打开新鲜世界的故事。我很羡慕她的经历，也想尝试看看。好奇自己会遇到些什么，这是充满情怀的那部分理由。对于还没有经济独立的学生党来说，省钱恐怕才是最功利却又最重要的好处——99%的沙发客住宿都是免费的，无论住宿条件是好是坏。要是赶上沙发主心情好又有空，做饭给你吃，带你出去聚会都是常事。在公共交通不发达的地方，有一个愿意接送你的沙发主简直要感谢上苍。大大小小的帮助，都能让沙发客省下不小的开销。

你当然可以说这有点像蹭吃蹭喝，但因为沙发客网站的介绍及评价机制，多次的双向筛选会让不包含交流意愿的"蹭"有些艰难。

对我个人而言，沙发客也提供给我一种最光明正大的理由走进别人家。这个最私密的生活空间，哪怕是多年好友，也不一定能走进去。我一直觉得，家是一个人从性格到生活最无法隐藏的地方，说好听点是体验一种与众不同的生活方式，毕竟在生活空间里大家很难伪装，说难听点是对窥探欲的极大满足。

好像有一次，我看到在一个软装精致、香薰绿植音响都摆在"正确"位置的卧室角落，突然出现了一块小小的、劣质的，多次书写涂抹到无法用板擦彻底清洁的白板。那就是一个着装考究，以情绪稳定著称的都市白领最后的压力阀门。

通过这种奇妙的方式，你会遇见一个人，一个完全超出你想象的人。

他可能是一个摇滚青年，墙壁上满满当当贴着的都是他收集多年的黑胶唱片，家里不算大也不算干净，细看桌面的杂物和书籍里混乱夹着的纸片，那几乎就是一场明星合照搜集赛。他呢，大头粗眉宽肩，长相霸道得让你开始担心今晚的居住安全。你却发现，他已经开始在地板上准备充气床垫，让你能在他的大床上睡个好觉。

她可能是一个积攒了一辈子故事的老奶奶，最大的爱好是拿出自己外出工作多年不回家的女儿的衣服，把你打扮成当地人的模样，然

2018/3

美国洛杉矶　格里菲斯天文台

2018/12

阿拉伯联合酋长国迪拜　跳伞前和教练合照

打破： 冒险一次，重生一次

后拉着你，去一个满是五六十岁老爷爷老奶奶的复古迪斯科舞厅热舞整晚。不知道是不是因为你的到来，DJ 突然放起了一首改编过的《爱情鸟》，在异国他乡的你瞬间万众瞩目，爷爷奶奶们把你围在中间，你的一次轻轻扭胯就能换来尖叫与掌声。可你明明看到五分钟之前，白发奶奶轻易就能在跳舞的间隙下个横叉，他们只是想让你这个远方的客人开心罢了。

你可能会在打开主人家门的瞬间，面对那双充满异域风情的眼睛坠入爱河，坐上他的摩托车，在你 20 岁生日当晚，你们穿梭在异国的大街小巷。零点，算准时间，他从车上站起来，大声喊着"生日快乐"。他突然喊着口渴要去便利店，你当然知道是为什么，几分钟后，一个插着火柴的小小杯子蛋糕出现了，掉落的燃烧后的碎屑让蛋糕失去了食用功能，但吹灭蜡烛的瞬间已经足够让你相信，你会拥有完美的一年。

你也可能找到了世界上的另一个你，你们三观类似，却有着差异巨大的生活背景，每一次聊天都觉得似曾相识，每一次微笑都像在照镜子。然后，你们一起脱掉衣服跳进海里，一辈子的姐妹情谊就从那天起建立了。

你会遇到一个人，产生一种奇妙的感情，谁也说不好是什么。

当然，所有故事的开头，都需要你打开 couchusrfing 网站，注册一个属于你的账号，剩下的我来教你。

首先，请尽可能地完善自己的个人资料，让自己看起来认真一点、无害一点。我们总是在强调住在陌生人家的风险，却忘了理解接纳一个完全不相熟的人到自己家，也需要鼓起巨大的勇气。仔细筛选是必需，就怕引狼入室。信任美妙，但我们没办法强求别人天然的信任，只能首先张开自己的怀抱。

其次，写资料时要尽量凸显个人特色，便于沙发主选择到志趣相投的你，志趣相投往往意味着你能拥有一次快乐顺畅的居住体验，不至于因为三观冲突过大而崩溃离开，和面试相亲大约有些相似。在这里，漂亮的照片不如在社交媒体上那么管用，但沙发客也是一种社交，最能凸显你个人特色的好看照片总是能帮你降低寻找的难度。

小提示

1. 不要轻易用性别或年龄过滤沙发主，你可能会过滤掉一群有趣的疯狂人类合用一个账号的情况（这大多会很有趣），或者是一大家子传统的当地家庭（这通常会很温馨）。

2. 范围半径可以直接选择最大值，couchsurfing 的定位功能时常不准。

3. 建议先不勾选房屋情况，一个合适的住处需要考虑交通、地理位置等多种因素，单独的房间也不一定比同床或者同房的实际情况更舒适、更具有吸引力，你一定要看沙发主个人资料中的房屋情况再做决定。

2015/2

印度尼西亚、帕劳　和新认识的朋友们在一起

打破：冒险一次，重生一次

4. 选择一个星期内登陆过的沙发主更容易获得及时肯定的答复。

5. 通常情况下，经济越发达的大都市，沙发主的数量会越多，你可以通过更多的搜索细节或关键词来快捷地找到适合自己的沙发主，但在小城市，两位数甚至更少的沙发主数量，全部扫一遍也不会耗费你太多的时间，搜索条件还是越少越好吧。

经过搜索，你大概会开始有目标地详细阅读每位沙发主的个人资料页面了。

就像每一个社交软件一样，这里有他的个人信息、照片、过往经历和房屋具体情况，你可以详细查看每一项内容后做出判断。

不要忽略沙发主房屋的地理位置对旅行的影响，同等条件下，你甚至可以牺牲住宿条件选择一个更靠近繁华区域的住处。

我通常会着重阅读"关于我（about me）"和"人生哲学（philosophy）"部分，尽管这里充斥着不可避免的"个人美化"，美化风格也总是千差万别，但细节介绍加上照片配合，你大概总会猜到同住的日子会是什么画风。

2016/8

印度孟买　和沙发主一起过生日

是我：你当人生不设限

文艺青年？嬉皮士？照片艺术癖？严肃上班族？闷骚程序员？疯狂派对动物？都不稀奇。

couchsurfing 网站靠谱的一大原因，是它像购物网站一样的双方评价机制，你可以以此判断，提高出行的安全系数，沙发主也会将你的过往评价视为是否接待你的重要评价标准。随着你拥有的好评数越来越多，你会发现自己找"沙发"更加容易了！

看评价有个原则：相信你看到的所有评价，好的坏的都是。

不要看到几个差评就吓得不敢住，看清楚差评的具体问题是否严重，是否是你能够接受的范围。有时，沙发主也会认真回复差评，你可以仔细分析一下，是沙发客小公主因为床垫不如想象中的软就给予了差评，还是严重到沙发主深夜会潜入对方房间的程度。

评价体系也有漏洞。女生最担心的不过是安全问题，可据我所知，很多受到侵犯的女性并不会在网站上写出实情，可能是出于自我保护，也可能只是单纯懒惰，甚至也有人会给出一个含混不清的好评，敷衍而过。如果你对某一个评价有疑惑，直接发私信给这个评价的主人，很大程度上你会得到更真实准确的信息，别怕麻烦。

所以，如果有一天你在使用 couchsurfing 网站的过程中遇到不安全事件，请真实地写出自己的遭遇，这也是对其他使用者最大的帮助。

另外，couchsurfing 网站还提供 vouching 和 verification 两种会员资质帮助旅行者进行安全判断。前者是会员之间的信用担保，听起来不靠谱，其实有着还不错的参考价值。在这里，若不是真的彼此信任，几乎没有人会押上自己最具有宝贵价值的信用。后者是通过绑定信用卡信息

打破：冒险一次，重生一次

2015/2

印度尼西亚爪哇　火山日出

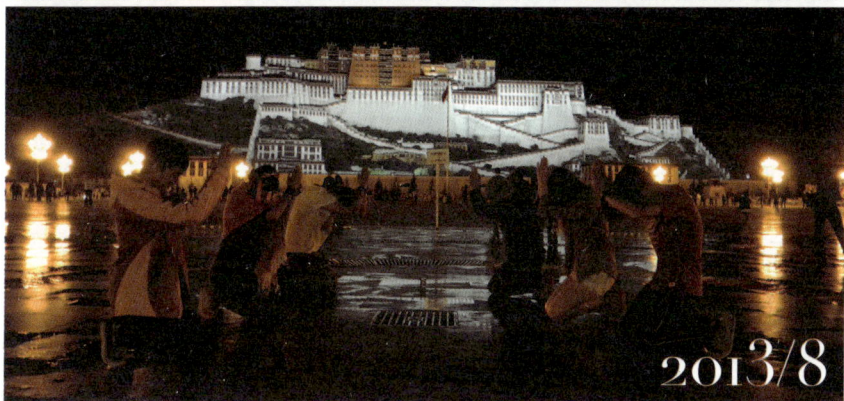

2013/8

西藏　和一起搭车进藏的小伙伴"结拜"

进行个人信息核实担保，是否有效就见仁见智了。

选择接受客人（accept guest）的沙发主的成功概率当然高于也许接待（maybe accept）。沙发主上一次登陆网站的时间越近，你得到回复的概率越高。当然，一个几分钟前刚登录过，但是回复率不足50%的沙发主，不回复你好像也挺正常。你在发送请求时，请加入沙发主的名字。

和写简历一样，通过沙发主的资料，你可以看出对方比较喜欢接待怎样的人，是安静不吵闹的，还是可以一起嗨到天亮的，针对性地多介绍一下自己吧。

有些沙发主会在自己的资料中藏着"通关密码"，他们需要你在请求中提到相关词语，这一信息通常在他们个人资料的最后（如果你真的懒得看的话）。

在网站主页面上有"Create a public trip"选项，相当于你选择对全网用户公开自己的资料和行程（虽然本来资料也是公开展示的），你会出现在每个地区的"将要抵达的旅行者"页面，会有一部分沙发主主动邀请你去他家住宿。比起一个个阅读资料、发送请求，这会是一种高效且成功率极高的寻找沙发主的方式。但要注意的是，无论是页面还是行程，为了你在异国他乡的安全起见，不要暴露过多个人信息为宜。特别是当潮水般的沙发邀请涌来，如何鉴别又会成为一大问题。

当然，公开旅行行程和资料的好处不止这一点，对于我这种出门前一天可能连异国城市都认不全的人，将公开旅行的目的地设置成国家而不是特定城市后，根据沙发邀请的介绍，可能瞬间就能得出一幅异国的城市画像。

如果你厌倦了一对一的交流，或者就是一个"人来疯"，网站上也提供类似"同城活动"的聚会。你可以通过搜索栏搜索城市进行查看，或者直接点击主页面右上角的"events（事件）"，查看当前地理位置附近的活动。

活动多以聚会认识为主，也会有唱卡拉OK、参观展览之类的常规活动。如果你运气好碰到摄影小分队，或者当地组织在couchsurfing网站

297

打破： 冒险一次，重生一次

上发起活动，那也会是超级棒的体验。

很多人喜欢用"天下没有免费的午餐"来恶意揣测一切不需要付出金钱的行为，比如搭车，比如沙发客。

我住过的"沙发"中，单身男性沙发主其实占了很大一部分比例，他们更随意，不会计较太多的生活细节，不会让你觉得自己多了个吹毛求疵的舍友，更大方，更活跃。但你也会遇到很多潜在的问题和危险，单身女性出行，连晾晒内衣裤有时都会是令人尴尬的行为，何况可能面对的是各种形式的性暗示甚至强迫性行为。

我曾经问过不少男性沙发主，是否与沙发客发生过关系，得出的结论是一半一半。肯定答案往往觉得这只是一次两情相悦的身体互动，和身份无关，否定答案则多出于沙发客的"友谊道德"。

你应该不会穿着情趣睡衣在沙发主家走来走去吧？而如果你觉得自己被调戏，特别是已经有了较为明确的身体接触，请直截了当地拒绝；若你只是含羞笑笑，小心被对方当成默许的信号。试探阶段严厉拒绝，实施阶段以柔克刚，随时准备开溜，根据情况变换策略，同时记得报警及平台举报。

另外，每次出门我必带的一样东西是 —— 避孕套，当真的发生危险无法躲避时，这是对你最低限度的保障。

当然，以上所有都是针对你并不想发生点什么的情况下提出的，不否认确实很多人通过这一旅行方式也有美好体验，只是一定要双方自愿、确保安全。

毕竟在我心中沙发客的宗旨应该是：只进入生活，不进入身体。

是我：你当人生不设限

2018/12

阿拉伯联合酋长国阿布扎比
参观阿布扎比卢浮宫

到达前尽量与你的沙发主保持联系，就像见网友一样，不要觉得发了沙发请求也被接受就万事大吉。必要时你甚至可以提出希望用视频连线的方式提前看看自己的住处，让他提前带你看看那座城市，又或者深入聊聊，都是你保证安全和建立友谊的好方法。

另外，即时更新旅行状态，避免临时情况的发生也很重要。你的沙发主可能会临时改变行程不能接待你，即使你已经到达了他所在的城市也可能有所变动。我出去旅行时只会带一个普通尺寸的双肩包，方便随时跑路，方便找住处，但如果你的行李做不到非常精简，试着提前多获取几个沙发主的联系方式，准备好 B 计划。遇到意外情况时，大家通常会很乐意帮助你。

打破：冒险一次，重生一次

顺利到达后，可以请沙发主带你简单参观家里，尽量简单直接地明确什么区域不可以进入，什么东西不可以触碰，什么又是可以直接使用不需要询问的。事先声明得越多，事后冲突就越少。

你当然可以提出让自己居住得更开心的提议，但也需要保持对沙发主的生活习惯的尊重。没有人有义务带你去玩耍，或者给你详细的旅行建议，也没有沙发主愿意将自己的家变成纯粹的免费旅馆，你需要对自己的旅行负责，不要试图依赖他人，也要留出共同相处的时间，真诚待人。

中途离开并不是什么大事。你可能到了才发现住处的地理位置和环境不符合你的预期（几乎每个沙发主都会形容自己的房子交通便利且舒适温馨，但事实当然不尽如此），或者对方有一些让你难以忍受的怪癖。及时表达你的反感，必要时及时离开。

万一你发现自己无意损坏了住处

2015/6

帕劳　出海回程偶遇暴风雨

是我：你当人生不设限

的任何物品，一定要及时告知，这是最基本的诚实和礼貌，也是避免陷入更大麻烦的最佳选择。但当你愉快地度过了几天，沙发主突然问你要住宿费时，不要慌张，如果没有其他额外消费你可以拒绝给付，哪怕价格无几。如果怕遇到金钱问题，你也可以在入住前就询问清楚。

沙发客的本质一定是文化交流，而不是金钱交易，但总有人想抓住一切机会赚钱。

沙发主中，流窜着一支奇特的"商业部队"，他们可能本来就是私人导游，通过你的消费赚取提成，也可能是酒店老板，将闲置资源再利用，来换取真实好评。

你从资料上大约是看不出任何异样的，见面时，他们也极其热情好客，对周围最好的餐厅、最好的景点、最好的礼品店了如指掌。无论你想买车票还是买土特产，他们总能找到一个朋友带给你天大的优惠价格。然后临走前，你被要求在他的公司页面上给予好评，你才突然意识到最近的花费好像默默超出了预期。

你可能感觉被骗了，也可能因为对方还算不错的"服务品质"感觉开心，都是见仁见智。

最后，无论你遇到什么，请在评价栏写明，不要怕报复，不要不好意思，共建美好社区，需要你我他。

而当你看到这篇文章时，世界已不同以往。

如果你尝试打开couchsurfing的网页，与之前写着"share your life（分享你的生活）"的欢迎页面不同，现在的网页上写着"you can save the couchsurfing community（你可以拯救沙发客社区）"。

301

打破：冒险一次，重生一次

因为疫情影响，这个从2004年起就免费运营的网站自2020年起建立了收费登录制度。无论新老用户，只有支付了每月约14元人民币的社区费用后才能访问网站及自己的个人页面。

但我还是固执地在书里留下了这篇文章，不是因为我确信世界会变回原来的样子，而是我觉得，沙发客代表着一种人与人交往的理想主义。在这里，金钱失去效力，民族概念甚至私人住宅意识都被模糊，我们的交流变得原始却亲切，全世界都是你能串门的亲戚。只要知道这里的故事、相信这种理念的人还在，不管世界是不是会变回以前，它终究会变得更好。

这是我做了五年沙发客的经验，一次分享给你。

我知道，世上没有完美的旅行方式，你总要选择更适合自己的那种。但请别忘了它，别忘了沙发客的存在，有机会，试试吧。

是我：你当人生不设限

每张照片都有一个**故事**

2016/6　北京

我感慨着北京夏夜的干爽舒适，也开始幻想这一路上的奇遇。

2018/5　上海

（摄影师周亚军）

"活得开心最重要了。"
"你不想被人喜欢的时候最招人喜欢。"
"你想做的都是对的。"

2016/6

小寺地堡

我摸摸旁边的墙壁，随着我们对地堡探索的深入，墙壁越来越冰冷，越来越多地挂着水珠。

303

打破：冒险一次，重生一次

人类好像永远抵挡不了"唯一"的诱惑，只需要这一个理由就能背起行囊。我也是。

墨西哥城

2016/1

2015/6

帕劳

我坐在人群中想，牛到底有没有思想，会不会真的很迷惑为什么这些生物要对它这么残忍。

2016/8

印度

2014/8

马六甲

我想拥抱你，直到你有了安全感；吻你，直到世界消失；爱你，直到我死去。

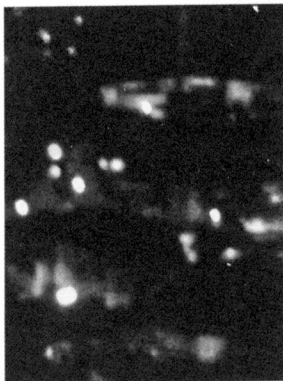

那个夜晚真美好啊，毫无恐惧慌张，只有老娘无所畏惧。
请勿模仿。

2016/6 北京

我用了八个小时，徒步走了一圈北京的二环路。

还记得大一时跟风搭车去西藏，我坐在车上摇下车窗玻璃，为过路骑行的小伙伴呐喊加油，司机师傅一脸不屑："你们这些年轻人啊，就是生活得太安逸，大好的精力不用在工作、学习上，就喜欢没事找事，把自己累得半死，就觉得生活有意思了……"我一时语塞不知道怎么回答，仔细想想却觉得师傅的话有几分道理。

既然无法在平淡中找到让自己心满意足的生活，干脆跑到舒适的反面。反正尝试短暂，反正年轻。就算试错，也还有机会悔过。

于是，在某个我躺在柔软的床上却无法入睡的周六夜晚，这种没事想找不舒服的心情又出现了。

夜里十点，我和八个怀着各异心情的陌生人聚集在北京的鼓楼大街地铁站，准备在这个夜晚徒步走一圈北京的二环路，途经 18 个地铁站，总路程约 30 公里。

在马路边仅能两人并排走的小路上，大家前前后后地走着，为了让所有人能听见，我们大喊着做自我介绍，有一搭没一搭地和身边的人相互认识。有人谋划着辞职，有人刚刚失恋，有人像我一样无聊，也有人心怀激情昂扬的挑战心态。

天还没有黑透，呈现一种迷离的深蓝色，马路上车流不断，喇叭声时不时地响起，和印象中的北京夜晚并没有什么区别。我们更像一群准备开始一场普通聚会的普通朋友，聊的也无非是年龄、工作、大学专业和参加

是我：你当人生不设限

活动的缘由这些不痛不痒、不着边际的话题。

我感慨着北京夏夜的干爽舒适，也开始幻想这一路上的奇遇。

我曾经听过一句话："夜晚才是城市最真实的样子。"虽不能完全理解，却深以为然。日光下的我们总自觉暴露，好像阳光会放大我们的情绪表达，干脆隐藏起自我。而在夜晚，我们可以把身体藏进夜色，内心的感受却会被无限放大，任何一件平凡普通的事，好像都能触动我们敏感的神经。反正也没人知道。

凌晨一点。

两个多小时的行走，还不需要刻意的坚持和努力。除了一个小伙伴因为身体不适提前离开，其他人几乎是轻松愉悦地走过了 11 公里的路程，大家兴致勃勃地和每一个路过的地铁站标拍照，甚至埋怨夜走活动开始的时间过早，计划着去天安门坐等升旗。

天空终于变成黑色，车也慢慢少了起来，城市有了深夜的样子。

我们跑到路中间，拍照大笑，好像当身边不再有人流推搡、喇叭喧哗，才觉得自己和这座城市如此贴近，看着无人的街道，想着，这就是我的城市，这将是我的城市。攒局的人是个戴眼镜的小胖子，他一路像小学班主任一样喊着注意安全，赶小鸡一样把所有人赶到马路内侧，自己走在外边作为保护，我们只需要一声呼唤，他就能随时从包里变出一切所需物品。

路程走到一半，我俩开始聊天，说到我的旅行还有刚结束的一场分享会。

"你觉不觉得自己像动物园里的动物，大家围着你，只是想看到最刺激特殊的一面？"

打破: 冒险一次，重生一次

"是吧，可没有这些刺激特殊，谁要看你呢?"

我回头看看大家，三三两两地凑在一起聊着，我打开手机放音乐，身后有人跟着哼唱。

凌晨四点。

19公里，大家都进入了有床就是家的状态，只有拍照时的微笑还带着点热情。路过一个自助银行，有流浪汉睡在里面，有人感慨，听说银行保安通常会用内部的语音系统或者直接上前驱逐他们，看着他安稳的睡眠状态，不知道这"好运气"还能维持多久。

那时我没有告诉大家，直到走完全程，我数过，我们一路上一共遇到了36个流浪者，36个没有家的人。他们的家在草堆、在长椅、在自助银行、在路边、在地下通道，这一夜，只不过是他们人生中的普通一夜，所有人都睡得平静。也有人蜷缩着睡在打开的汽车后备厢里，我想他大概有家可回，但这大概是他的艰难一夜。

"北京是一个怎样的城市?"

"伟大的城市。"

"嗯?"

"北京就像纽约，承载了不知道多少人的梦想。人们在任何一个城市都可以抱怨周遭环境阻碍自己的成功，可是在北京，大家只能心甘情愿地承认失败是因为自己弱，这就是北京的伟大与残酷吧。"

有个老奶奶睡在地下通道，紧紧地用整个身体抱着已经破旧肮脏的被子，裤子的膝盖部分被磨损得格外严重，旁边放着一个同样残破的蛇皮袋，隐约能看到一些水瓶之类的杂物，露出的皮肤也充满污垢。我想，在

是我：你当人生不设限

这座城市，失败者都不足以说明他们的身份，更恰当地说，他们是被城市抛弃的那群人。他们还留在这里，不知是无处可去，还是对这里留有一丝不舍。

凌晨五点。

记录路径的 App 上显示，距离我们想要画完的那个圆，只剩下一个小小的缺口，在过去的七个小时里，25 公里，是我们走过的路程。

有人说北京的天亮是一瞬间，根本不给人一点感受的空间。确实，不知道什么时候，抬起头的瞬间，天就已经变得灰蒙蒙，周围的一切也开始变得清晰。一个安静到有些寂寞的城市，突然活跃起来，不断有人从四处出现，清洁工人、晨跑的人、遛狗的人，新的一天开始了。

而对我们来说，最后的一段，也是最煎熬的一段。经过一夜行走，大腿到脚底的每一块肌肉都在抗议，肥肉都在颤抖，不用脱鞋就能数出脚底长了多少颗水疱，路旁的风景也失去了吸引力，只剩下根本看不到头的高架桥，我们沉默着向前。

我突然又想起了那句"夜晚才是城市最真实的样子"。

当整个城市陷入睡眠，时间也仿佛静止，没有了白天琐碎繁杂的事务打扰，也没无关紧要的路人和话语擦肩而过，只有星星、风、抬头看到的树叶、城市和你。城市的样貌变得清晰，属于你的气息也更加可见。

城市或许没有"真实"与"虚假"，只有依世俗区分的"天堂"与"地狱"。"天堂"更容易被期待、被感知，"地狱"却总是被排斥。"地狱"成了城市中隐藏最深的角落，无人关注、无人提及，到了夜深人静，角落也终于可以出来喘口气了。可谁也不知道，所谓"地狱"又是谁的"天

打破：冒险一次，重生一次

堂"，谁的游乐场呢？

早上八点。

作为行程起点的鼓楼大街地铁站又一次出现在我们的眼前，一夜行走后的大家已经累到无法说话，简单地拍完照便匆匆告别，终于可以长舒一口气，这次"作死"的"行为艺术"，我们完成了。

我回到家躺在床上，那种行走的惯性还没有消失，床好像在晃，我的面前还是一眼望不到头的高架桥。

我做了个梦，梦到了那 36 个流浪者，再次相遇时，我没有默默地从旁经过，而是走过去拍醒他们，叫他们起来和我一起蹦迪，一起拍照。剩下的二环夜行，我们变成了四十多人的大队伍，一起走，路程结束，大家都能回家。

2017/II 北京

　　有一天下楼去上班，碰到一个快递员，特别小心地拍拍我的肩膀，问我香水是什么牌子。他说觉得好闻，想买给老婆。我脑子一热，就干脆回家拿香水送给了他。

　　几天后，我下楼遛狗，一个大姐擦肩而过，香水味道怎么闻怎么熟悉。我一路跟过去，看到她在垃圾堆旁边特别认真地翻垃圾，从里面掏出旧衣服仔细地往身上比画。

　　我忍不住走过去问她的丈夫是谁，是不是最近送了她香水。结果，她还真的是我那香水的下一个主人。

　　我回家拿了很多件大衣给她，毕竟大家有缘，顺便也说句，冬天快乐。

打破：冒险一次，重生一次

2018/5 上海，死亡体验馆

这家位于上海黄浦区的死亡体验馆叫"醒来"，官方介绍上写着，"没有任何教育比亲身体验更加直接。死亡体验馆存在的目的，就是将生死教育前置，通过体验死亡、探讨生命的方式，探索更为完整的人生意义。"

说白了，就是预演死亡。

（摄影师周亚军）

实际上，这场看似玄幻的"死亡游戏"更像一场道德困境版的"狼人杀"，当12道包含亲情、友情、爱情、理想、道德的问题被一个个提出，参与者做出回答，并在他人表达观点后进行反馈和投票。

（摄影师周亚军）

（摄影师周亚军）

　　与狼人杀游戏相似的是，游戏中的"死亡"都是根据在场参与者的反馈投票决定的，投票可能是因为你的态度、语气，甚至是说话时的眼神闪躲，而不是真的因为你做错了什么，"少数服从多数"更是投票中的大原则。而与狼人杀游戏不同的是，不再有身份牌帮你选择阵营，操纵你的选择。你，就是你自己的身份牌。

　　有人从第一个问题就开始哭，有人从第一个问题就提出要离开，有人当场被"暗恋对象"拒绝，也几乎出现当场的求婚。

　　大多数的参与者，都莫名地在一场虚拟游戏中掏心掏肺，但仔细听下来，大家想要的、害怕的也都差不多。想做自己却被束缚，想尝试更多但是没勇气，想贡献社会、回报家人却没有途径，想走出过去但心里总是耿耿于怀。当然，也有人态度轻浮，用明显是玩笑的内容作答，用对数字的偏好投票。

打破：冒险一次，重生一次

　　说实话，我还挺惊讶自己居然会在死亡体验馆撑到最后。我一度以为自己第一轮就会被投出去，却反倒成了最受到"第一眼"喜爱的人，直到倒数第二轮，我也同样因为"眼缘"的消失被投出，进入到"死亡环节"。

　　我躺过了"焚化炉"，爬过了子宫通道，收到一张卡片写着"谁见幽人独往来"，感觉被读懂，却更喜欢同伴收到的那句"想要得到更多所以飞得更高，可飞得更高就更难被得到"。

　　12道题中，有一题是："如果可以对最初的自己说三句话，你会说什么？"

　　我说了三句。

　　"活得开心最重要了。"

　　"你不想被人喜欢的时候最招人喜欢。"

　　"你想做的都是对的。"

　　我想，如果当真面对死亡，我想说的也不过如此。

2016/12 北京

　　说来奇怪，好像年年都有节目的12月24日，却从没给我留下任何记忆，直到我变成传说中的"圣诞老人"。

　　这一天，我找来了五个同样无所事事的"单身青年"，准备了50份小礼物。花花绿绿的袜子、别在头上的可爱鹿角和猫耳朵、暖宝宝、小饼干……还有 100 张写满我们各种奇奇怪怪的祝愿的卡片，礼物还没发出去，"圣诞老人"们自己就开心得不行，感觉已经完成了向世界播种爱的了不起的任务。

直到我们真的要走上街头的那一刹那，走出胡同，反而自觉变成了见不得光的黑夜狼人，恨不得用胡子遮住整个脸，然后默默祈祷自己已经隐形。就像生活经验告诉我的那样，只要异于常人，一切都需要勇气。

结果呢，比起嘲笑、质疑，路人的冷漠更让人难过。见惯大风大浪的首都人民面对一群突然出现的圣诞老人，并没能提起兴趣，只是漠然对视，然后擦肩而过。甚至在我们送出手写卡片后，也好像只是收到了一份普通的传单，默默接受，随意掠过，揣进兜里或者转手丢弃。

直到我们在簋街拐角处遇到了一位同样打扮成圣诞老人的饭店迎客大爷，大爷带着一口京腔喊着："嘿，一家人啊嘿。"然后喜气洋洋地和我们合照，旁边的保安和服务员也来凑热闹。临走时，我听到他看着手机笑嘻嘻地说："这有意思，回去给我媳妇看。"好像生意开张了，围观的人越来越多。人群不断聚拢，我们被团团围住，直到保安走来，我们因为聚集了太多围观群众被当成扰乱秩序的安全隐患。我们却起了劲，"圣诞快乐"喊得越来越大声，越来越充满喜悦，卡片和礼物派发的速度也越来越快。

当然，还是有人条件反射地拒绝我们的卡片，以为不过是一张穿着圣诞老人外衣的普通传单，却在接过卡片的瞬间笑了起来。几个朋友聚在一起，只有一个人收到我们的卡片，其他人羡慕、抱怨，我们赶紧继续递上，拿到写着"今晚你看起来最美，所以这张卡片送给你"的女生跳来跳去，向朋友炫耀说："你看他说我最美！"

打破： 冒险一次，重生一次

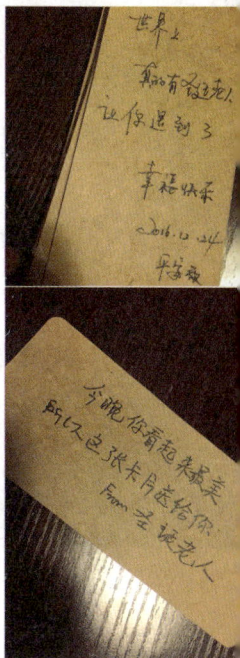

　　三里屯北门外，不知是什么节目的主持人在一本正经地说着："今天是平安夜，无数青年男女来到三里屯……"我们装作路过对着摄像机打招呼，摄像大哥也笑，却没移开镜头，主持人有点生气，对摄像大哥说："我们可是一个严肃的法制节目！你居然不告诉我！"摄像大哥还是哈哈笑，打着马虎眼。

　　路边的流浪汉，收到了袜子和暖宝宝；小摊贩们，收到了写着"明年定会暴富"的卡片；爸爸妈妈拉着小孩说"看呀好多圣诞老人"；老外们微笑着说"Merry Christmas（圣诞快乐）"。

　　一起扮圣诞老人的妹子问我："你觉不觉得越是看起来日常普通，又或者做着最'底层'工作的人，越能给我们热情反应，笑得越开心？"我说是。

　　好像每年都会有人探讨是否应该让孩子相信童话故事，我当然投票支持。可在我看来，更需要"美好教育"的，反而是我们这群自己的童话世界被现实故事击毁了一百万次的成年人。相信童话故事真的存在，相信卡片上的祝福会成真，就像相信一切美好的事物那样，其实生活也就美好了一点点。

　　当作彩蛋，我们随机在一些卡片上留下了我们的微信和电话。然后，12月25日，我们收到了一条微信：昨天没吃晚饭，没现金，手机又没电关机了，一个人在外边逛，然后你们就出现了，很惊喜。

　　电视台的节目也播了，圣诞老人们，在背景里。

2015/6 帕劳

　　全世界唯一的无毒水母湖在帕劳。人类好像永远抵挡不了"唯一"的诱惑，只需要这一个理由就能背起行囊。我也是。

　　而当我终于来到这里，面对着软绵绵、滑溜溜，被人类玩弄于股掌之中，只靠卖萌为生的小生物，内心却在瞬间被击中软化。

　　网文里总写，某个有着白嫩皮肤的绝世美女柔若无骨地躺在总裁的胸怀，总裁在外的霸气就瞬间化为绕指柔。我总是鄙视这种写法，直到来了水母湖，我才懂这种柔若无骨到底能激起多少的爱怜。

　　可看着偶尔漂过的已经残破的水母尸体，即使我此时在享受着被水母包围的幸福，也还是觉得，人类对自然的探索其实也是一件可怕的事。

　　向世人展示美好，总是要付出一些代价。

打破：冒险一次，重生一次

2016/8 印度

凌晨一点，刚刚认识的印度小哥非拉着我这个刚学会骑自行车不久的人去学骑摩托。

印度小街，道路狭窄又凹凸不平，还随时可能出现一头牛。小哥坐在我身后，除了默默帮我拧油门，就是不停地念叨："不要怕，你会骑的，你要相信自己一定可以的，甚至猛地一拐弯就绕到了山路上。"

我很紧张，全身每个细胞都不敢有一丝放松，可当我突然低头，发现小哥的手早就离开了把手，在自己都没有意识到的时候，我已经真的在自己开摩托了。

一个晚上下来，我可以自己开得飞快，可以在高速行驶的摩托上躺下坐起，当然谈不上什么专业技术，不过是凭借一些自以为是的勇气的短暂疯狂，和传说中开挂的印度人民没什么区别。

小哥给我"灌鸡汤"，说我所有的不会都是因为害怕，没有了恐惧，我就可以做所有的事，可以去征服世界。

那个夜晚真美好啊，毫无恐惧慌张，只有老娘无所畏惧。

请勿模仿。

是我：你当人生不设限

2016/1 墨西哥城

人类好像有一百种方法去延续自己无法实现的梦想，生个孩子？投资个公司？

或者像我在墨西哥城遇到的这个老爷爷一样，年轻时航海旅行，带着大包周游世界，年纪大了，遇到个在路边吃木瓜的独行女生，就觉得自己的包找到了下一位主人。她带着包继续走，就好像带着他。

打破：冒险一次，重生一次

2016/1 墨西哥城

　　斗牛最残忍的部分，不是斗牛士用极为锋利的刀剑戳进牛身体的一瞬间，而是经过数轮战斗，身上已经插着各种武器的牛没力气逃跑也无法进攻，只能无力地站在原地，等着斗牛士以最"帅气"的拔刀姿势，在全场注视下的最后一击。

　　要是晃悠迷茫的牛还没有倒下，原地踱步或静静站立，其他两个斗牛士（也许是助手）便走上前，用斗篷左右迷惑。牛还是愤怒的，头不停摆向两边，哪怕坐在山顶位的我，也能偶尔听到牛的鼻孔、嘴巴通通憋不住的厚重喘息，愤怒却不知道该往何处发泄。等到牛的身体再也无法支撑，终于躺倒在地。

　　一场表演，全场观众有时欢呼，为了斗牛士的强壮勇猛，有时用嘘声相对，认为这头牛不够强壮，不能带来更好的表演。牛只是玩具。我坐在人群中想，牛到底有没有思想，会不会真的很迷惑为什么这些生物要对它这么残忍。

　　有头牛在经过整场战斗后嘴巴不停地吐血，还是站起来一遍一遍地冲向身边的三四个斗牛士。人们欢呼、尖叫，兴奋时忍不住挥舞着拳头站起。斗牛士似乎经验不足，在很长一段时间反而被牛追着满场奔跑。只是结局没能出现反转奇迹，重伤的牛哪怕再愤怒，也抵不过鲜血一直地流，最后重重地砸在地上，被人拖走。这次，无论斗牛士怎么摆出骄傲的神气，也没人为他欢呼，前排观众甚至朝场内丢垃圾表示不满。斗牛士也不过是表演玩具。

　　而排了好几个小时的队才买到门票的我，谁说不是残忍的凶手呢？

2016/6 小寺地堡

"小寺地堡"在双桥，北京的东南角，远离中心的区域。

按照网络上城市探险爱好者总结的"探秘指南"，穿过一个小铁门，踩着废弃物和杂乱的电线，我们面前便出现了一处荒野坟山。树木不算茂盛却杂乱，不知被谁踩出的小路上树杈和落叶散落，有垃圾，也有冥币。

小寺地堡有两处入口。一处是砖块围成的长方形区域，入口面积较大，三四米深，只有一个由几条已经生锈变形的金属横条组成的下井通道，可以看到的井底区域堆满杂草和各种木料废弃物。另一处同样是砖砌的，不到一米的深度，面积是第一处入口的三分之一大小，布满了蜘蛛网和死蜘蛛，同样矮小的入口有一面被打开一半的石门，只能几乎贴着地面进入，且体形会成为一项巨大的进入挑战。考虑到下井过程中女生可能会因为手臂无法用力或脚底悬空而掉落，我们选择了第二处入口。

用树杈剥开蜘蛛网，层叠的蜘蛛网裹着树杈甚至有点像诡异版的棉花糖，我们几乎是爬着进入地堡内部。侧身穿过两个石头小门，面前出现了一个深不见底的旋转石头楼梯，楼梯入口周围是一圈只能允许一个人蹲着的环形区域，高度不够一人站起，稍不注意，就会碰到头顶残留的蜘蛛网和残破掉落的土块。偶尔有小虫子爬到手上，哪怕难受，这时候当然还是保命重要，我这么想。

我们转了两三圈，穿过一个石板门，眼前豁然开朗，典型的防空洞构造，墙壁的石头除了有些潮湿，保存得非常完好。

意料之外的是我回头看到的一面拱形墙面，格外突兀地出现了各种粉笔字，"到此一游"是常见，更有甚者还有添加 QQ 群的小广告。格外诡

异的是头顶上有用水写下的字迹，只留下水痕，却能清晰辨别，大多都是名字或简单词句，越走到地堡内部，字迹越多。我摸摸旁边的墙壁，随着我们对地堡探索的深入，墙壁越来越冰冷，越来越多地挂着水珠。

我们走出山头时已经是凌晨两点，回头看看，居然有点不舍，还是那个山，那个坟头，还是一样诡异的气氛，可是这一切好像都没那么可怕了。我觉得自己就像一段故事的闯入者，在这个故事中也留下了一点自己的痕迹，你不会害怕自己的故事。

2014/8 马六甲

初到马六甲时，故事好像并不那么令人愉悦。

去沙发主家偏僻的路、破旧的房子、大雨的早晨、扑面而来的三条大狗，组成了我对马六甲的第一印象。那里拥挤、潮湿、杂乱。我和其他沙发客挤在同一个房间，睡的是比宿舍床还小的钢丝床。

第一晚过去，我起床就听到隔壁床传来亲吻声音，眯着眼偷偷转过身，看到了一场欧美电影里常有的清晨缠绵真人秀。那是正在毕业间隔年的挪威女生，和一个好不容易从巴基斯坦"逃离"的小伙。

打破： 冒险一次，重生一次

挪威女生会向身边任何一个哪怕只是随便瞄一眼的路人热情挥手打招呼，哪怕换来对方的冷漠白眼，她也毫不在意，早已将笑容丢向下一个擦肩而过的幸运儿。

而巴基斯坦小哥时常念着的却是对信仰的虔诚，他不讳言哪怕是父母说了违背教义的话，他也会想冲上去让他们以死谢罪。于是我问"如果我现在说了一句，我马上会被你杀死吗"，他点头说当然，然后愉快地拉着我去跳舞。

他们在马六甲相遇，每天说着无比甜腻的情话，放弃了之后的一切安排，只是安安静静地守在这座小城，只是因为觉得遇到了爱的人。

"I want to hug you untill you feel safe, kiss you until the world disappears, and love you until I die.（我想拥抱你，直到你有了安全感；吻你，直到世界消失；爱你，直到我死去。）"

甚至在"漫长"的三天纠结后，他们决定用婚姻来抵抗一切国籍或宗教的差距，为了彼此。

拿到飞行执照
考到摩托车驾照
从头至尾走一次西伯利亚铁路
在非洲生活一段时间
上央视节目

愿望清单

WISH LIST

打破：冒险一次，重生一次

让布比觉得自己拥有快乐童年
成立一个动物保护基金
让安吉丽娜·朱莉知道我的名字
骨灰撒在巴西海滩

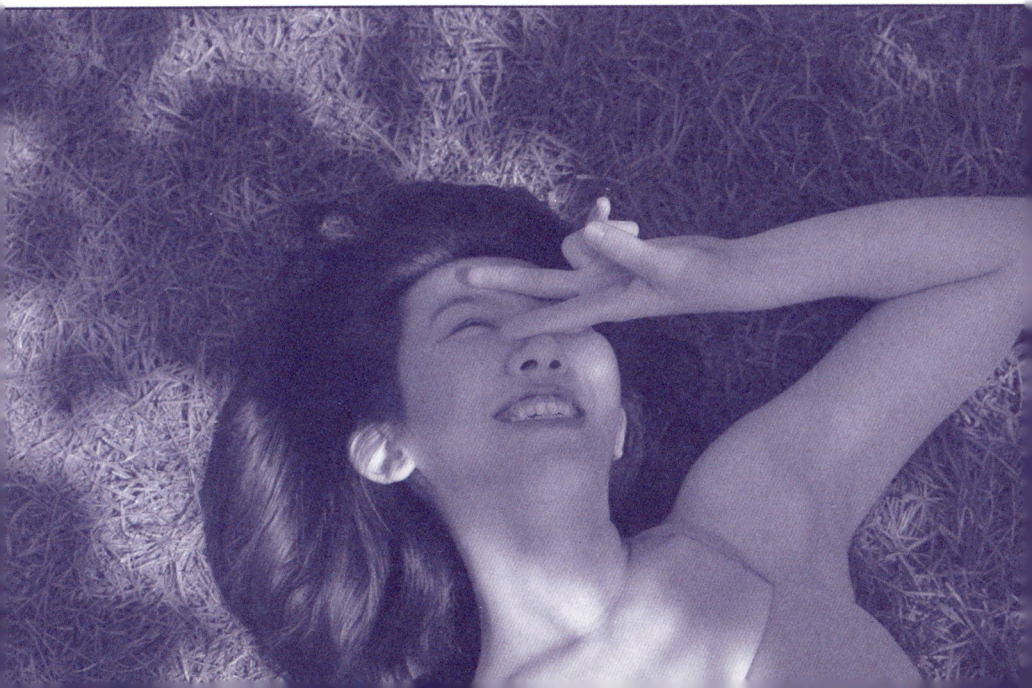